Yshab Rafiq
Furqan Khan

Organismos Geneticamente Modificados (OGM) e Organização Mundial do Comércio (OMC)

Yshab Rafiq
Furqan Khan

Organismos Geneticamente Modificados (OGM) e Organização Mundial do Comércio (OMC)

Imprint

Any brand names and product names mentioned in this book are subject to trademark, brand or patent protection and are trademarks or registered trademarks of their respective holders. The use of brand names, product names, common names, trade names, product descriptions etc. even without a particular marking in this work is in no way to be construed to mean that such names may be regarded as unrestricted in respect of trademark and brand protection legislation and could thus be used by anyone.

Cover image: www.ingimage.com

This book is a translation from the original published under ISBN 978-3-659-49873-2.

Publisher:
Sciencia Scripts
is a trademark of
Dodo Books Indian Ocean Ltd. and OmniScriptum S.R.L publishing group

120 High Road, East Finchley, London, N2 9ED, United Kingdom
Str. Armeneasca 28/1, office 1, Chisinau MD-2012, Republic of Moldova, Europe
Printed at: see last page
ISBN: 978-620-7-92640-4

COTAÇÃO

Em nome de Alá, o Clemente e Misericordioso". Em primeiro lugar, estou muito grato ao Senhor Alá Todo-Poderoso por me ter dado a força e o poder para concluir o meu trabalho no tempo necessário.

Em primeiro lugar, gostaria de expressar a minha profunda gratidão ao meu estimado guia, mentor e **presidente PROF AKRAM A KHAN** (Departamento de AEBM, AMU, Aligarh) por ter acreditado em mim e me ter dado a liberdade de trabalhar livremente, pela sua orientação exemplar.

A bênção, a ajuda e a orientação que ele me dá de vez em quando levar-me-ão longe no meu futuro.

E, finalmente, estou grata aos meus **pais e** amigos, **porque** sem o seu apoio e encorajamento nada disto teria sido possível.

Abreviaturas utilizadas

AB Appellate Body

AIA Advanced Informed Agreement

APHIS Animal and Plant Health Inspection Service

BP Bio safety Protocol (Cartagena Protocol on Bio safety)

Bt Bacillus thuringiensis

CBD Convention on Biological Diversity

DEFRA Department for Environment Food and Rural Affairs (UK)

DNA   Deoxyribonucleic Acid

DSB Dispute Settlement Body

DSU Understanding of Dispute Settlement

EC European Commission

ECJ European Court of Justice

EFSA European Food Safety Authority

EPA Environmental Protection Agency

EU European Union

FDA Food and Drug Administration

GATT General Agreement on Tariffs and Trade

GE Genetic Engineering

GMO Genetically Modified Organism

IP Intellectual Property

IPR Intellectual Property Right

LDC Least Developed Country

LMO Living Modified Organism

MEA Multilateral Environmental Agreement

MFN Most Favoured Nation

MOP Meeting of Parties

NGO Non-Governmental Organization

PPM Process and Production Method

SDT Special and Differential Treatment

SPS Sanitary and Phytosanitary Measures Agreement

TBT Technical Barriers to Trade Agreement

TRIPs Agreement on Trade-Related Intellectual Property Rights

UK United Kingdom

UN United Nations

US United States

USDA United States Department of Agriculture

CAPÍTULO 1

1.1 INTRODUÇÃO

Os organismos geneticamente modificados revelaram-se frutíferos para países como os EUA, a Argentina e o Brasil.

Os OGM são o resultado de processos de engenharia genética em que o material genético (ADN) é combinado de uma forma única que não teria sido possível através de um processo de acasalamento natural.

Os OGM estão a revelar-se uma questão de conflito e de prosperidade, devido aos benefícios e riscos associados.

Uma planta ou um animal constituído por um ou mais organismos transgénicos é designado por organismo geneticamente modificado (OGM). A engenharia genética produziu novas variedades de culturas alimentares, como o milho resistente às pragas, o algodão BT e animais com melhor valor nutricional.

Os OGM são principalmente cultivados comercialmente em países como os EUA, o Canadá, a Argentina, a China e o Brasil. As culturas agrícolas em grande escala, como o milho, a soja, a colza, o algodão e o trigo, são os organismos OGM mais utilizados até à data.

No nosso país, o algodão BT foi introduzido em 2002, mas os Estados onde foi introduzido contestaram o seu bom desempenho e pediram ao Comité de Aprovação da Engenharia Genética para retirar as sementes.

A OMC começou a envolver-se em questões relacionadas com os OGM quando houve um conflito entre a UE e os EUA e foi apresentado um caso conhecido como o caso biotecnológico da CE.

1.2 . OBJECTIVOS

1.1 Avaliação da interação entre os OGM e a OMC.

1.2 Investigação do caso da biotecnologia comunitária (estudo de caso).

1.3 Analisar a posição (a favor ou contra) dos membros da OMC sobre os OGM - nos países desenvolvidos e em desenvolvimento.

1.4 Comunicar as vantagens comerciais que um país obtém através da utilização da engenharia genética nas culturas.

1.5 Medir os aspectos ambientais e sociais dos OGM.

1.3 METODOLOGIA DE INVESTIGAÇÃO

Título do projeto: **OGM e OMC**

Fonte de dados: A natureza dos dados é secundária, uma vez que foram extraídos de várias revistas, relatórios governamentais e outras fontes da Internet, com plena confiança na sua fiabilidade e validade.

Tipo de estudo: O tipo de estudo é descritivo. Embora o presente estudo se baseie na análise de dados provenientes de fontes secundárias, é descritivo.

1.4 PROJECTO SCIPE

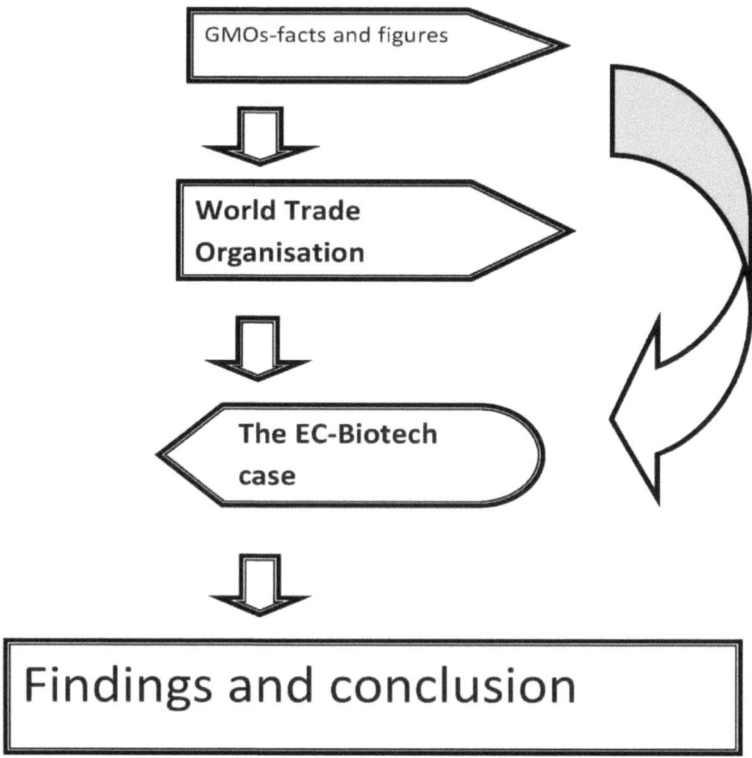

1.5 SIGNIFICADO E LIMITAÇÕES DO ESTUDO

O estudo dá-nos uma visão dos OGM e da sua aceitação a um nível macro, bem como das decisões da OMC sobre vários casos relacionados com os OGM.

As restrições são as seguintes

1) Os dados seleccionados são secundários, não podendo ser excluída uma distorção interna devida ao compilador.
2) A disponibilidade insuficiente de dados sobre vários temas é um problema grave.
3) Grande dispêndio de tempo, energia e recursos.

2.1 GVO - INTRODUÇÃO

Os organismos geneticamente modificados (OGM) estão associados a mais benefícios do que riscos.

As possibilidades técnicas da GE são praticamente ilimitadas. Sementes, culturas, plantas e
Podem ser atribuídas características favoráveis aos animais (por exemplo, menor consumo de água, menor suscetibilidade a pragas, crescimento rápido, etc.). Há também aspectos económicos, por exemplo, os custos de investigação e desenvolvimento e o custo da utilização de sementes patenteadas de OGM. Os aspectos sociais dos OGM incluem o controlo do abastecimento alimentar global, a possibilidade de os agricultores utilizarem as sementes do ano anterior e considerações éticas como a patenteabilidade dos organismos.

Os OGM são cultivados comercialmente em países como os EUA, o Canadá, a Argentina, a China e o Brasil. As culturas agrícolas em grande escala, como o milho, a soja, a colza, o algodão e o trigo, são os organismos OGM mais utilizados até à data. No entanto, a UE tem sido muito restritiva na autorização do cultivo comercial de produtos OGM. De 1998 a 2003, esteve em vigor uma "moratória de facto" e, atualmente, cada produto OGM deve ser autorizado caso a caso.
Base. Em alguns Estados-Membros da UE existe praticamente uma proibição, mas em muitos Estados-Membros foram efectuados campos de ensaio em pequena escala durante vários anos. A situação política na UE é complicada; a Comissão Europeia (CE) é largamente a favor dos OGM, enquanto os Estados-Membros adoptam posições diferentes, que variam entre extremamente restritivas e muito positivas.
A maioria dos consumidores da UE é contra os OGM. A tecnologia que consiste em modificar o material genético de um organismo através da introdução de material genético de outros organismos, a fim de alterar as características do organismo, é conhecida por engenharia genética (GE) ou tecnologia do ADN recombinante. A engenharia genética pode ser aplicada a microrganismos, sementes ou animais. A biotecnologia é um termo utilizado para descrever o desenvolvimento de sementes e culturas que não envolve necessariamente a modificação do material genético. Por conseguinte, a GE pode ser considerada um subgrupo da biotecnologia.

Em geral, as aplicações da engenharia genética são aplicações médicas, como a produção de uma vacina ou de uma hormona específica, ou aplicações no domínio da nutrição, como a adição de vitaminas ou a modificação das propriedades das sementes ou das plantas.

Porque é que são produzidos alimentos geneticamente modificados?

Os alimentos geneticamente modificados são desenvolvidos - e comercializados - porque o fabricante ou o consumidor desses alimentos vê neles uma vantagem. O resultado deve ser um produto com um preço mais baixo, um benefício maior (em termos de prazo de validade ou valor nutricional) ou ambos. Originalmente, os criadores de sementes geneticamente modificadas queriam que os seus produtos fossem aceites pelos agricultores e concentraram-se em inovações que trouxessem benefícios directos aos agricultores (e à indústria alimentar em geral).

Um dos objectivos do desenvolvimento de plantas baseadas em organismos geneticamente modificados é melhorar a proteção das plantas. As plantas geneticamente modificadas atualmente no mercado destinam-se principalmente a melhorar a proteção das plantas, introduzindo resistência às doenças das plantas causadas por insectos ou vírus ou aumentando a tolerância aos herbicidas.

Na maioria dos casos, estas tecnologias de OGM são protegidas por direitos de autor, desenvolvidas pelo sector privado e libertadas para cultivo comercial através de acordos de licença. O cultivo e a produção comercial de culturas GM são de capital intensivo devido ao elevado custo das sementes e da tecnologia.

No entanto, o seu cultivo tem vindo a aumentar, principalmente devido aos benefícios resultantes da redução dos custos de mão de obra e de produção, da redução da utilização de produtos químicos e de rendimentos económicos mais elevados. Os Estados Unidos da América, a Argentina e o Canadá são os principais produtores e exportadores de culturas e produtos geneticamente modificados.

As quatro culturas geneticamente modificadas mais importantes do mundo contam-se entre os produtos de base mais importantes transaccionados nos mercados mundiais e são motivo de grande preocupação em termos de segurança alimentar, proteção ambiental e ambiente.

Impacto e questões socioeconómicas. Do ponto de vista alimentar e da saúde, as principais preocupações relacionam-se com a potencial toxicidade e alergenicidade dos alimentos e produtos GM. As preocupações relativas aos riscos ambientais incluem o impacto da introdução de transgénicos na paisagem natural, o impacto do fluxo de genes, o impacto em organismos não visados, o desenvolvimento de resistência a pragas e a perda de biodiversidade. A introdução de tecnologias OGM suscitou também uma série de preocupações sociais e éticas relacionadas com a restrição do acesso aos recursos genéticos e às novas tecnologias, a perda de tradições (por exemplo, a conservação de sementes), o monopólio do sector privado e a perda de rendimentos dos agricultores pobres em recursos.

As provas científicas sobre os efeitos dos OGM no ambiente e na saúde estão ainda a surgir, mas até agora não há informações conclusivas sobre os efeitos negativos definitivos dos OGM na saúde ou no ambiente.

No entanto, a opinião pública sobre os OGM na alimentação e na agricultura está dividida, com uma tendência em muitos países industrializados e em desenvolvimento para evitar alimentos e produtos geneticamente modificados.

2.2. ENGENHARIA GENÉTICA

Os três métodos mais importantes para a produção de ADN recombinante são o ADN que contém material genético de diferentes organismos, o método agrobacteriano, o método do vetor viral e o método de impregnação balística. No método agrobacteriano, as bactérias absorvem um plasmídeo modificado que contém as propriedades desejadas e um gene marcador de resistência aos antibióticos. As bactérias que sobrevivem ao tratamento com antibióticos absorveram o material genético desejado. No método do vetor viral, o poder infecioso dos vírus é utilizado para transportar o material genético para o genoma do organismo alvo. Por último, o método de impregnação balística ou de pistola de genes é utilizado sobretudo para plantas geneticamente modificadas, como os cereais. Neste caso, peças metálicas revestidas com material de ADN são disparadas contra as células das plantas.
A construção genética inserida no organismo é constituída não só pelo material genético estranho, mas também por um promotor e um gene marcador. Os promotores são frequentemente de natureza viral e servem para promover a atividade do material genético estranho (Mendelsohn in Kimbrell, 2002, p. 150; Nottingham, 2002, 102-106). Um gene marcador é utilizado para determinar se a modificação genética foi bem sucedida: se o gene marcador estiver presente no organismo, a construção genética completa está presente. Os genes marcadores são muitas vezes resistentes aos antibióticos, de modo que um antibiótico pode ser utilizado para selecionar os organismos que importaram com êxito a construção genética, uma vez que estes sobrevivem ao ataque do antibiótico - os outros organismos, que não tiveram êxito, morrem.
A GE pode ser definida como (Walker, 1995, citado em Nottingham, 2002):
"A formação de novas combinações de material hereditário através da inserção de moléculas de ácido nucleico, geradas por qualquer meio fora da célula, num vírus, plasmídeo bacteriano ou outro sistema vetorial, de modo a poderem ser incorporadas num organismo hospedeiro no qual não ocorrem naturalmente, mas no qual podem continuar a replicar-se".
2.3 CULTURAS GENETICAMENTE MODIFICADAS

As plantas geneticamente modificadas são plantas cujo ADN foi alterado através da engenharia genética. Na maioria dos casos, o objetivo é dar à planta uma nova caraterística que não existe na espécie. Exemplos de plantas alimentares incluem a resistência a determinadas pragas, doenças ou condições ambientais, a redução da deterioração, a resistência a tratamentos químicos (por exemplo, resistência a herbicidas) ou a melhoria do perfil nutricional da planta. Exemplos do sector não alimentar
As plantas são utilizadas para a produção de ingredientes farmacêuticos activos,

biocombustíveis e outros produtos utilizáveis industrialmente, bem como para a bioremediação.

Os agricultores adoptaram largamente a tecnologia dos OGM. Entre 1996 e 2011, a superfície total de terras plantadas com culturas geneticamente modificadas aumentou 94 vezes, passando de 17 000 quilómetros quadrados (4 200 000 acres) para 1 600 000 quilómetros quadrados (395 milhões de acres). Em 2010, 10 % da terra arável do mundo foi plantada com plantas geneticamente modificadas. Em 2011, 11 plantas transgénicas diferentes foram cultivadas comercialmente em 395 milhões de acres (160 milhões de hectares) em 29 países.

A primeira planta geneticamente modificada foi produzida em 1982, uma planta de tabaco. Os primeiros ensaios de campo tiveram lugar em França e nos EUA em 1986. Em 1987, a Plant Genetic Systems, fundada por Marc Van Montagu e Jeff Schell, foi a primeira empresa a modificar geneticamente plantas resistentes a insectos (tabaco) através da inserção de genes que produziam proteínas insecticidas de Bacillus thuringiensis (Bt).

A República Popular da China foi o primeiro país a aprovar a comercialização de plantas transgénicas, tendo introduzido em 1992 um tabaco resistente a vírus, que foi retirado do mercado em 1997. Em 1994, o tomate FlavrSavr foi a primeira planta geneticamente modificada a ser autorizada para venda nos EUA. O tomate FlavrSavr tem um prazo de validade mais longo porque demora mais tempo a amolecer depois de amadurecer. Em 1994, a União Europeia autorizou o cultivo de tabaco resistente ao herbicida bromoxinil, que foi a primeira planta geneticamente modificada a ser comercializada na Europa.

Em 1995, a batata Bt foi aprovada pela Agência de Proteção do Ambiente dos EUA, tornando-se assim a primeira cultura produtora de pesticidas do país. Em 1995, a colza com composição de óleo modificada (gene Cal), o milho Bt (Ciba-Geigy), a colza resistente ao bromoxinil

Foram autorizados o algodão (Cal-Gen), o algodão Bt (Monsanto), as sementes de soja resistentes ao glifosato (Monsanto) e as abóboras resistentes ao vírus (As grow). Em meados de 1996, tinham sido concedidas em 6 países e na UE um total de 35 autorizações para o cultivo comercial de 8 plantas transgénicas e de uma planta com flor (cravo) com 8 características diferentes. Em 2000, o arroz dourado enriquecido com vitamina A foi o primeiro alimento a ser autorizado em termos de nutrientes.

A biotecnologia abrange uma vasta gama de tecnologias que podem ser utilizadas para diferentes fins, por exemplo, o melhoramento genético de variedades vegetais e populações animais para aumentar o seu rendimento ou eficiência, a caraterização genética e a conservação dos recursos genéticos, o diagnóstico de doenças das plantas ou dos animais, o desenvolvimento de vacinas e o melhoramento dos alimentos para animais. Algumas das tecnologias podem ser aplicadas em todos os sectores da alimentação e da agricultura, como a utilização de marcadores moleculares de ADN ou a modificação genética, enquanto outras são mais específicas de cada sector, como a cultura de tecidos (em culturas e árvores florestais), a transferência de embriões (pecuária) e a recombinação de sexos (peixes). O aumento da produtividade é a chave para combater a pobreza rural. A biotecnologia promete aumentar a produtividade e, consequentemente, aumentar os rendimentos rurais, tal como a revolução verde fez em grande parte da Ásia nas décadas de 1960 a 1980. Os aumentos de produtividade abrangem essencialmente todos os factores da produção agrícola. Isto pode significar: maior rendimento das culturas e maior número de cabeças de gado, menor utilização de pesticidas e fertilizantes, técnicas de produção menos exigentes, maior qualidade dos produtos, melhor armazenamento e mais fácil transformação e melhores métodos de monitorização e controlo da saúde das plantas e dos animais.

CropsTraitsModification   % Alterado para EUA

				% Alterado para EUA
Apples	Delayed browning[72]	Genes added for reduced polyphenol oxidase (PPO) production from other apples[72]	2015 approved for sale[70]	
Canola/ Rapeseed	Tolerance of glyphosate or glufosinate High laurate canola,[129] Oleic acid canola[130]	Genes added	87% (2005)[128]	21%
Corn	Tolerance of herbicides glyphosate glufosinate, and 2,4-D. Insect resistance. Added enzyme, alpha amylase, that converts starch into sugar to facilitate ethanol production.[131]	Genes, some from Bt, added.[132]	Herbicide-resistant: 2013, 85%[133] Bt: 2013, 76%[133] Stacked: 2013, 71%	26%
Cotton (cottonseed oil)	Insect resistance	Gene, some from Bt, added	Herbicide-resistant: 2013, 82%[133] Bt: 2013, 75%[133] Stacked: 2013, 71%[133]	49%
Papaya (Hawaiian)	Resistance to the papaya ringspot virus.[134]	Gene added	80%	
Potato (food)	Resistance to Colorado beetle Resistance to potato leaf roll virus and Potato virus Y[117] Reduced acrylamide when fried and reduced bruising[68]	Bt cry3A, coat protein from PVY[135] "Innate" potatoes added genetic material coding for mRNA for RNA interference[68]	0%	0%
Potato (starch)	Antibiotic resistance gene, used for selection Better starch production[136]	Antibiotic resistance gene from bacteria Modifications to endogenous starch-producing enzymes	0%	0%
Rice	Enriched with beta-carotene (a source of vitamin A)	Genes from maize and a common soil microorganism.[137][138]	Forecast to be on the market in 2015 or 2016[139]	

2.4 FÁBRICAS DE GM NA ÍNDIA

As culturas geneticamente modificadas no nosso país são regulamentadas pela lei indiana de proteção do ambiente de 1986. O quadro de biossegurança é constituído pelos regulamentos emitidos pelo Ministério do Ambiente e das Florestas (MOEF) em 1989, revistos em 1990, 1994 e 1998 de acordo com as orientações emitidas pelo Departamento de Biotecnologia (DBT), abrangendo todo o quadro de actividades relacionadas com organismos geneticamente modificados (Gupta 2000).

Foi também criada uma estrutura separada para a comercialização e utilização de plantas OGM.

Os dois principais departamentos envolvidos na regulamentação são o Departamento de Biotecnologia do Ministério da Ciência e Tecnologia e o Ministério do Ambiente e das Florestas (MOEF).

O Comité de Aprovação da Engenharia Genética (GEAC), que responde perante o MOEF, é responsável pela emissão de licenças para a libertação de produtos geneticamente modificados e ele próprio emite licenças para estes fins para uma área até 20 acres.

Country	2013– GM planted area (million hectares)[155]	Biotech crops
USA	70.1	Maize, Soybean, Cotton, Canola, Sugarbeet, Alfalfa, Papaya, Squash
Brazil	40.3	Soybean, Maize, Cotton
Argentina	24.4	Soybean, Maize, Cotton
India	11.0	Cotton
Canada	10.8	Canola, Maize, Soybean, Sugarbeet
Total	175.2	----

2.5 MOs - factos e números

A área total utilizada para o cultivo de OGM tem aumentado desde 1996 (ver figura), com um crescimento de 11% entre 2004 e 2005 (ISAAA, 2005). No final de 2005, a área total era de cerca de 90 milhões de hectares. Vinte e um países estão envolvidos no cultivo comercial, com os EUA, o Canadá, a Argentina e o Brasil a dominarem, seguidos de perto pela Índia e pela China. Quatro culturas são responsáveis por quase todo o cultivo comercial: A soja, o milho, o algodão e a colza, com mais de 50 milhões de hectares de terra utilizados para a soja, ou seja, mais de 50% da área total em que são cultivadas culturas GM.

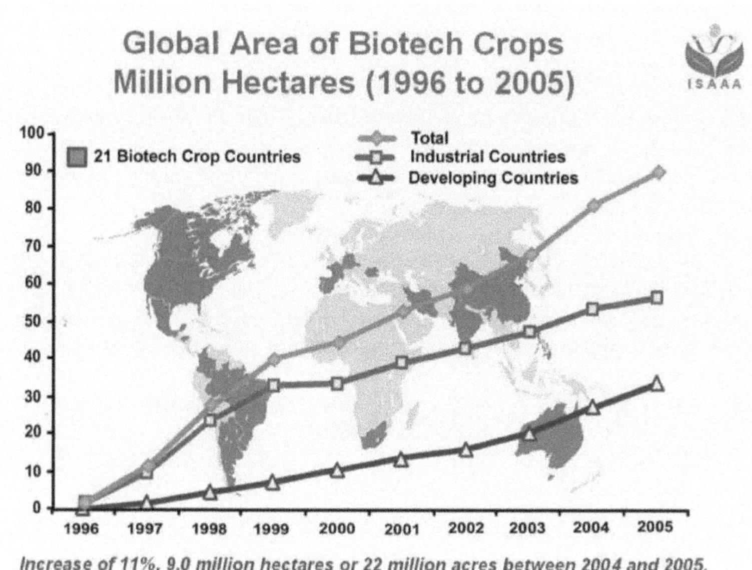

Só o valor de mercado das sementes biotecnológicas totalizou 13,2 mil milhões de dólares americanos em 2011, com o produto final do milho, da soja e do algodão biotecnológicos a valer cerca de 160 mil milhões de dólares americanos ou mais por ano.

Os intervenientes nos mercados agrícolas incluem empresas de sementes, empresas agroquímicas, comerciantes, agricultores, colectores de cereais e universidades que desenvolvem novas culturas/traços e cujos centros de extensão agrícola aconselham os agricultores sobre as melhores práticas.

Em 2009, a Monsanto realizou um volume de negócios de 7,3 mil milhões de dólares com sementes.

Em 2009, toda a linha de produtos Roundup, incluindo as sementes geneticamente modificadas, representava cerca de 50% da atividade da Monsanto. A patente da primeira cultura Roundup Ready (soja) produzida pela Monsanto expirou em 2014, e a primeira cultura de soja não protegida por patente expirará na primavera de 2015. A Monsanto licenciou a patente extensivamente a outras empresas de sementes que incluem o traço de resistência ao glifosato nas suas sementes. Cerca de 150 empresas licenciaram a tecnologia, incluindo o milho da Monsanto - uma combinação da tecnologia de controlo de ervas daninhas Roundup Ready 2 com a broca do milho YieldGard (BT) e o verme da raiz YieldGard - é líder de mercado nos EUA. Os produtores de milho dos EUA plantaram mais de 32 milhões de hectares (130 000 km2) com milho de pilha tripla em 2008. Estima-se que 56 milhões de acres (230.000 km2) poderão ser plantados em 2014 e 2015. O algodão Bollgard II com Roundup Ready Flex foi plantado em aproximadamente 5 milhões de acres (20.000 km2) nos EUA em 2008.

De acordo com o Serviço Internacional para a Aquisição de Aplicações Agrobiotecnológicas (ISAAA), cerca de 15 milhões de agricultores em 29 países cultivaram culturas biotecnológicas em 2010. Mais de 90 % dos agricultores eram pobres em recursos nos países em desenvolvimento. 6,5 milhões de agricultores na China e 6,3 milhões de pequenos agricultores na Índia cultivaram culturas biotecnológicas (principalmente algodão Bt). As Filipinas, a África do Sul (algodão, milho e soja biotecnológicos) e doze outros países em desenvolvimento também produziram culturas biotecnológicas em 2009.

3.1 REVISÃO DA LITERATURA

Um problema importante parece estar relacionado com a avaliação da segurança de novos alimentos geneticamente modificados, que se baseia inicialmente no conceito de "equivalência substancial". Este conceito baseia-se no seguinte princípio: "Se um novo alimento for substancialmente equivalente na sua composição e propriedades nutricionais a um alimento existente, pode ser considerado tão seguro como o alimento convencional" (SOT, 2003). Embora a aplicação do conceito não seja uma avaliação de segurança em si, permite a identificação de potenciais diferenças entre o alimento existente e o novo produto, que devem então ser objeto de uma investigação mais aprofundada no que diz respeito aos seus efeitos toxicológicos. Trata-se de um ponto de partida e não de um ponto de chegada **(Kuiper et al., 2002)**. Qual é a situação atual relativamente aos riscos para a saúde dos alimentos geneticamente modificados, seis anos após a nossa última revisão **(Domingo e Gomez, 2000)**? A literatura científica sobre os potenciais efeitos adversos para a saúde/tóxicos dos alimentos geneticamente modificados/transgénicos foi novamente revista utilizando a base de dados Medline (disponível em
http://www.ncbi.nlm.nih.gov/entrez/query.fcgi?db=PubMed).
A pesquisa abrangeu o período de janeiro de 1980 a outubro de 2006. Foram utilizados os seguintes "termos-chave" (número de referências entre parêntesis): alimentos geneticamente modificados (686), alimentos geneticamente modificados (3498), alimentos transgénicos (4127), toxicidade dos alimentos transgénicos (136), riscos para a saúde dos alimentos transgénicos (23), efeitos adversos dos alimentos geneticamente modificados (170), toxicidade dos alimentos geneticamente modificados (38), riscos para a saúde dos alimentos geneticamente modificados (38), riscos para a saúde dos alimentos geneticamente modificados (72), toxicidade dos alimentos geneticamente modificados (120), efeitos adversos dos alimentos geneticamente modificados (276) e efeitos adversos dos alimentos transgénicos (199). Verifica-se que as citações correspondentes a "termos-chave" gerais como "alimentos geneticamente modificados", "alimentos geneticamente modificados" e "alimentos transgénicos" são quantitativamente muito importantes.
No entanto, as referências a uma avaliação de risco específica são muito mais limitadas. Além disso, a maioria das referências aos termos-chave "efeitos adversos", "toxicidade" e "riscos para a saúde" não correspondiam diretamente ao tema principal da pesquisa. Segue-se uma panorâmica dos estudos publicados diretamente relacionados com os riscos para a saúde (incluindo a toxicidade) das plantas GM consumidas como alimentos para consumo humano e/ou animal. A informação e os pormenores estão organizados por planta. Um resumo dos resultados dos estudos mais importantes está resumido na Tabela 1. Com algumas excepções, os estudos sobre a alergenicidade das plantas GM não foram aqui incluídos. No entanto, um sistema de monitorização da alergia alimentar que abranja toda a gama de alimentos consumidos é claramente essencial **(Moneret-Vautrin et al., 2004).** As plantas geneticamente

modificadas que estão especificamente associadas a alergias alimentares (por exemplo, trigo, amendoins) são de particular importância.

3.2 PLANTAS GM

Batatas

Em meados da década de 1970, a OMS e outras instituições internacionais iniciaram estudos para desenvolver agentes de controlo biológico existentes e novos para o controlo de pragas. Os mais populares destes agentes são estirpes de *Bacillus thuringiensis*. Foi demonstrado que *o Bacillus thuringiensis* var. *kurstaki* produz uma toxina eficaz contra insectos lepidópteros. Nos últimos anos, foram produzidas batatas transgénicas nas quais foi inserido o gene CryI de *Bacillus thuringiensis* var. *kurstaki*. O gene foi clonado em *E. Coli*, o gene foi transferido para as células vegetais através de um vetor de plasmídeo de vaivém. **Fares e El-Sayed** (1998) investigaram os efeitos da alimentação com batatas transgénicas portadoras do gene CryI da estirpe HD1 de *Bacillus thuringiensis* var. *kurstaki* sobre a estrutura microscópica de luz e eletrónica do íleo de ratos, em comparação com a alimentação com batatas tratadas com a "endotoxina delta" isolada da mesma estirpe bacteriana. A arquitetura microscópica dos enterócitos do íleo dos dois grupos de ratos apresentava certas características comuns, como a presença de mitocôndrias com sinais de degeneração e microvilosidades curtas interrompidas na superfície luminal. No entanto, no grupo de ratinhos alimentados com a "endotoxina delta", apareceram várias vilosidades com um número anormalmente elevado de enterócitos. Cinquenta por cento destas células estavam hipertrofiadas e tinham vários núcleos. A lâmina basal na base dos enterócitos estava danificada em vários sítios. Apareceram várias microvilosidades interrompidas em associação com fragmentos citoplasmáticos de formas diferentes. Alguns destes fragmentos continham um retículo endoplasmático e lamelas anulares em forma de anel. Além disso, as células de Paneth estavam altamente activadas e continham um grande número de grânulos de secreção. Estas alterações podem indicar que as batatas tratadas com endotoxina delta levaram ao desenvolvimento de células hiperplásicas no íleo dos ratinhos. Os autores concluíram que a presença de vários enterócitos multinucleados e hipertrofiados e de vários fragmentos citoplasmáticos associados com lamelas em anel muito pronunciadas indicava o possível envolvimento da alimentação com batatas tratadas com delta-endotoxina no desenvolvimento hiperplásico do íleo dos ratinhos. Recomendaram que os novos tipos de herança e as novas estruturas genéticas devem ser avaliadas antes da comercialização de novos alimentos transgénicos, para evitar riscos potenciais para os consumidores. Devido à grande controvérsia e às implicações internacionais dos resultados, merece especial destaque a publicação do estudo de **Ewen e Pusztai (1999)**, que investigou os efeitos de dietas contendo batatas geneticamente modificadas que expressam a lectina *galan nivalis* no intestino delgado de ratos.

Verificou-se que estas dietas tinham efeitos diferentes em diferentes partes do trato gastrointestinal do rato. Alguns efeitos, como a proliferação da mucosa gástrica, foram atribuídos principalmente ao transgene da aglutinina de *Galanthus nivalis* (GNA). No entanto, os autores sugeriram que outras partes da construção ou transformação genética (ou ambas) podem ter contribuído para os efeitos biológicos globais das batatas GNA geneticamente modificadas, particularmente no intestino delgado e no apêndice. Concluiu-se que existe a possibilidade de um vetor vegetal comummente utilizado em algumas plantas geneticamente modificadas poder afetar as membranas mucosas do trato gastrointestinal e exercer fortes efeitos biológicos. O mesmo se pode aplicar às plantas geneticamente modificadas que contêm construções semelhantes, nomeadamente as que contêm lectinas, como a soja ou outras plantas que exprimem genes de lectinas ou transgenes. O principal problema deste estudo foi o curto período experimental de 10 dias. Será este período suficiente para detetar alterações toxicológicas relevantes no intestino delgado dos ratos?

Quadro 1 - <u>Resumo dos estudos experimentais sobre a administração alimentar de uma série de plantas geneticamente modificadas a diferentes espécies animais.</u>

Plant/Crop	Animal Species	Length of Study	Adverse Effect	Reference
Potatoes				
GM (Delta Entoxin Created)	Mice	2 Weeks	Mild Changes in the structural configuration of Ileum. Potential Hyperplasic Development of the Ileum.	Feres & El Sayed (1998)
GM	Rats	10 Days	Proliferation of the gastric mocosa.Effects of the small intestine & caocum	Ewen & Pusztai (1999)
GM	Rats	4 Weeks	Absence of Pathologic Systems & Histopathological Abnormalities in Liver & Kidney	Hashimoto et al. (1999a)
GM	Rats	5 Weeks	Increase in no of Bacteria phagocytised by monocytes,% of neutrophilis producing ROS & Oxygen dependent bacterial activity of neutrophilis	Winnicka et al. (2001)
GM	10 Weeks	Prior to Mating	No Adverse Effects on the multi generation reproductive-developmental ability	Rhee et al. (2005)
Maize corn Transgenic Event 176 Bt	Chicken	138 Days	No Deleterious Effects were noted	Brake & Vlachos (1998)
GM	Pigs	Growing Phase	Toxicity was not assessed	Spencer et al. (2000 a,b)
GM(Bt)	Pigs	91 Days(Growing Period)	Side Effects were not observed. However the Studies did not indicate the performance of toxological effects	Reuter et al. (2002a,b)
GM(CBH 351)	Rats & Mice	13 Weeks	No immunotoxicity was detected. No other toxicity tests were included.	Teshima et al. (2002)
Round Up Ready	Rats	13 Weeks	No Overall Effects were reported on overall health, bodyweight, food consumption, clinical pathology parameters, organic weights, gross & microscopic appearance of tissues.	Hammond et al. (2004)

Plant crop	Animal Species	Length of Study	Main Adverse Effects	Reference
Transgenic (cowpea trypsin inhibitor)	Mice	90 Days	No Immunotoxic effects were observed. No other Toxic Tests were performed	Chen et al.(2004)
Transgenic	Rats	90 Days	Not enough evidence was found to conclude that transgenic rice had adverse effect on rat.	Li et al. (2004b)
Transgenic[KMD]	Rats	90 Days	Although Minor Changes were detected, additional test group(s) are required.	Schroder et al.(2007)
Cucumber				
Transgenic	Rats	5 Weeks	No Adverse Effect on the health & Growth Status	Kosieradzka et.al (2001)
Tomatoes				
GM(Bt)	Rats	90 Days	Body Weights & Food Consumption was normal. Microscopic Examination of Tissues did not show adverse effect.	Newborn et. Al (1995)
GM(CMV)	Rats & Mice	30 Days	No Significant differences with rats fed non GM Tomatoes	Chen Et. Al (2003)
Sweet Pepper				
GM(CMV)	Rats & Mice	30 Days	No Significant differences with rats fed non GM Sweet Pepper	Chen Et. Al (2003)
Peas				
Transgenic	Rats	10 Days	No Harmful Effect on Growth Metabolism & Health was Observed.	Pusztai Et .Al (1999)
Canola				
Transgenic(GHP)	Rats	26 Days	No general health risks were detected including a low allergenicity.	Richard Et. Al (2003)

Hashimoto et al (1999a) confirmaram que as batatas transgénicas com glicinas nativas e designadas de soja são seguras, uma vez que a sua composição é quase equivalente à das batatas não transgénicas e que as glicinas nativas e designadas nas batatas transgénicas são facilmente digeríveis. No entanto, estes autores sublinharam que esta certeza se baseava apenas no conceito de "equivalência substancial". Por isso, num estudo posterior, foram também efectuados ensaios de alimentação em animais de laboratório (Hashimoto et al., 1999b). Foram alimentados quatro grupos de ratos:

(I) apenas uma dieta comercial,
(II) A dieta com batatas não transgénicas,
(III) A dieta mais batatas transgénicas com glicinina nativa, e
(IV) A dieta com batatas transgénicas com glicinina concebida.
Foram administrados diariamente aos ratos, por via oral, 2.000 mg/kg de peso de batata. Durante o período de teste, os ratos em cada grupo (grupos II, III e IV) cresceram bem, sem diferenças significativas na aparência, ingestão de alimentos, peso corporal ou ganho de peso corporal acumulado. Não foram observadas diferenças significativas no hemograma, na composição sanguínea e no peso dos órgãos internos entre os ratos após quatro semanas de alimentação com batatas (grupos II, III e IV). A necropsia no final da experiência não revelou sintomas patológicos em nenhum dos ratos testados nem anomalias histopatológicas no fígado e nos rins. Com exceção de um ligeiro aumento dos níveis séricos de sódio nos ratos do grupo III, não se verificaram, em geral, diferenças significativas entre os ratos alimentados com batatas não transgénicas e transgénicas. Em conclusão, as batatas transgénicas com glicinina tinham praticamente as mesmas propriedades nutricionais e bioquímicas que as batatas não transgénicas. Apesar desta conclusão, os autores observaram que:
1) que os ensaios de segurança com animais de laboratório são frequentemente influenciados por muitos factores indefinidos,
2) que também é difícil alimentar uma dose relevante de plantas transgénicas,
3) que, anteriormente, para extrapolar a segurança das plantas geneticamente modificadas para os seres humanos, eram necessários ensaios de alimentação a longo prazo em animais (incluindo a capacidade de causar malformações, alterações da função reprodutiva, mutagenicidade e carcinogenicidade), como
e a utilização de sistemas de células humanas de cultura são claramente necessárias (Hashimoto et al., 1999b; Momma et al., 2002). Os efeitos da alimentação com batatas geneticamente modificadas em índices seleccionados de resistência não específica foram investigados em ratos (Winnicka et al., 2001). A modificação genética das batatas consistiu na supressão do gene que codifica o fator de ribosilação ADP (ARF) da proteína e na intensificação da síntese da proteína 14-3-3 (Wilczynski et al., 1997). Duas rações isoprotéicas semi-sintéticas contendo batatas, não modificadas (dieta de controlo) ou geneticamente modificada (GM, dieta experimental). O peso corporal médio inicial dos ratos era de 150 g e os animais foram alimentados durante 5 semanas. A alimentação com batatas GM aumentou o número de bactérias fagocitadas pelos monócitos, a percentagem de neutrófilos que produzem espécies reactivas de oxigénio (ROS) e a atividade bactericida dependente do oxigénio dos neutrófilos. Os autores concluíram que é necessário determinar o mecanismo exato que desencadeia a atividade fagocitária observada. Acrescentamos que é necessário alargar o período de alimentação, que foi provavelmente demasiado curto neste estudo.

El-Sanhoty et al (2004) investigaram a composição, o valor nutricional e a segurança toxicológica da batata Spunta geneticamente modificada em comparação com a batata Spunta convencional em ratos. Foi efectuado um estudo de alimentação durante 30 dias. Foram utilizados quatro grupos de ratos.

O grupo (I) foi alimentado com uma dieta basal de controlo,

O grupo (II) recebeu uma dieta de controlo acrescida de 30 % de batata Spunta não-GM liofilizada, o grupo (III) recebeu uma dieta de controlo acrescida de 30 % de batata Spunta GM liofilizada, o grupo (IV) recebeu uma dieta de controlo acrescida de 30 % de batata Spunta GMO G3 liofilizada. Durante o período experimental, os ratos de cada grupo (I, II, III, IV) cresceram bem, sem diferenças significativas na aparência. Não foram observadas diferenças significativas no consumo de ração, no ganho de peso diário e na eficiência alimentar. No entanto, verificou-se uma diferença ligeiramente significativa no peso corporal final entre o grupo de controlo e o grupo experimental. Não foram encontradas diferenças significativas nos valores bioquímicos séricos entre os grupos e também nos pesos relativos dos órgãos (fígado, baço, coração, rim, testículos). Embora os resultados deste estudo de segurança não tenham revelado diferenças significativas entre os grupos, a nossa principal preocupação relativamente a uma possível extrapolação dos resultados para os seres humanos é, mais uma vez, a curta duração do estudo de alimentação. Uma vez que os sistemas de desintoxicação dos roedores são muito diferentes dos dos seres humanos em termos de atividade e quantidade, bem como de tipos de enzimas de desintoxicação, teria havido dificuldades adicionais na extrapolação dos resultados dos estudos em animais para os seres humanos (Momma et al., 2002). Esta observação aplica-se não só ao estudo de El-Sanhoty et al. (2004), mas também a todos os estudos com roedores acima referidos. Um estudo multigeracional sobre a toxicidade reprodutiva e de desenvolvimento do gene bar inserido em batatas GM foi recentemente realizado em ratos (Rhee et al., 2005). Em cada geração, os animais foram alimentados com um granulado sólido contendo 5% de batatas GM e não-GM durante 10 semanas antes do acasalamento. No estudo de várias gerações, não houve alterações relacionadas com a batata GM no peso corporal, ingestão de alimentos, desempenho reprodutivo e peso dos órgãos. Em cada geração, os índices relacionados com a ninhada não revelaram alterações relevantes relacionadas com os OGM.

Pepino

Kosieradzka et al (2001) investigaram os efeitos da alimentação de ratos com uma proporção considerável de pepinos transgénicos sobre os parâmetros de crescimento, o peso relativo dos órgãos e a digestibilidade dos nutrientes. Estes efeitos foram comparados com os da alimentação com o fruto numa dieta equilibrada. A modificação genética consistiu na introdução do gene que codifica uma proteína doce, a taumatina, e do gene marcador da resistência à canamicina. A experiência foi efectuada durante cinco semanas em três grupos de ratos machos com um peso corporal inicial médio de 150 g. As dietas isoproteicas contendo 0 ou 15% de pepino transgénico ou não transgénico liofilizado não tiveram qualquer efeito no aumento de peso, no estado de saúde aparente ou no peso relativo dos órgãos dos animais. A digestibilidade das proteínas foi ligeiramente mas significativamente mais baixa (89,2 vs. 90%) nas dietas com pepinos transgénicos do que nas dietas com pepinos não transgénicos, enquanto a digestibilidade da fibra bruta foi mais elevada no grupo com pepinos não transgénicos (28,2% vs. 15%). Em contrapartida, a digestibilidade da gordura e dos extractivos isentos de N não diferiu. Assim, o consumo de pepinos transgénicos durante 28 dias não teve qualquer efeito sobre o crescimento e a saúde dos ratos, embora tenha afetado ligeiramente a digestibilidade dos nutrientes. Concordamos com a conclusão dos autores de que a influência da alimentação com plantas transgénicas em organismos animais requer estudos mais aprofundados e mais longos.

Tomates e pimentos

Note born et al. (1995) investigaram a segurança da proteína cristalina inseticida CRY1a (b) de *Bacillus thuringiensis* expressa em tomates transgénicos em ratos desmamados. Durante 90 dias, os ratos foram alimentados com uma dieta de tomate contendo uma média de 20 g de tomate fresco por dia. A taxa de sobrevivência percentual, o peso corporal final e o peso dos órgãos (fígado, rins, testículos), bem como o exame macroscópico e microscópico dos órgãos e tecidos não revelaram diferenças significativas entre o consumo de tomates geneticamente modificados e os tomates-mãe não modificados.

No início dos anos 90, foi clonado um gene da proteína do envelope (*cp*) de um isolado chinês do vírus do mosaico do pepino (CMV) (Hu et al., 1990) e foi desenvolvido um sistema de transformação genética para plantas de pimento e tomate. Para avaliar a segurança alimentar dos pimentos e tomates geneticamente modificados com o gene cp do CMV, Chen et al. (2003) efectuaram os seguintes testes em ratos e ratazanas: teste de toxicidade aguda, teste do micronúcleo, teste de aberração espermática, teste de Ames e estudo de alimentação de 30 dias. O valor LD50 para os dois produtos GM foi superior a 10 g/kg em ratos e ratazanas, indicando que os pós GM liofilizados são tão inofensivos como os seus homólogos não-GM. Não foi observada qualquer genotoxicidade in vitro ou in vivo utilizando o teste do micronúcleo, o teste da aberração espermática e o teste de Ames. Os estudos de alimentação animal não revelaram diferenças significativas em termos de crescimento, aumento de peso corporal, ingestão de alimentos, hematologia, índices bioquímicos sanguíneos, peso dos órgãos e histopatologia entre ratos ou ratinhos de ambos os sexos alimentados com dietas à base de pimentos ou tomates geneticamente modificados em comparação com os que não foram alimentados com dietas geneticamente modificadas. Segundo os autores, estes resultados demonstraram que os pimentos e os tomates resistentes ao CMV são comparáveis aos seus homólogos não geneticamente modificados em termos de segurança alimentar.

Ervilhas

Pusztai et al. (1999) investigaram os efeitos da expressão do inibidor transgénico da alfa-amilase do feijão (alfa-AI) sobre o valor nutricional das ervilhas em ratos alimentados aos pares com dietas (10 dias) contendo 300 e 650 g de ervilhas/kg e 150 g de proteínas/kg, respetivamente, suplementadas com aminoácidos essenciais que satisfazem as necessidades pretendidas. Os resultados foram também comparados com os efeitos de dietas contendo lactoalbumina com ou sem 0,9 e 2,0 mg de alfa-AI de feijão, respetivamente, correspondentes aos níveis das dietas de ervilhas transgénicas. O ganho de peso e o peso dos tecidos dos ratos alimentados com qualquer uma das dietas de ervilha não foram significativamente diferentes entre si ou dos ratos alimentados com a dieta de lactoalbumina, mesmo quando suplementados com 0,9 g de alfa-AI/kg. A digestibilidade da proteína e da matéria seca foi ligeiramente mas significativamente mais baixa na dieta de ervilha do que na dieta de lactoalbumina. O valor nutritivo das dietas que continham ervilhas ao nível mais elevado (650 g) foi inferior ao das dietas com lactoalbumina. No entanto, as diferenças entre as linhas de ervilhas transgénicas e originais foram pequenas, possivelmente devido ao facto de nem a alfa-AI recombinante purificada nem a alfa-AI contida nas ervilhas transgénicas inibirem a digestão do amido no intestino delgado do rato in vivo na mesma medida que a alfa-AI do feijão. Este estudo de curta duração sugere que as ervilhas transgénicas que exprimem o gene alfa-AI do feijão podem ser utilizadas em dietas de ratos a 300 g/kg sem efeitos prejudiciais para o seu crescimento, metabolismo e saúde, o que levanta a possibilidade de as ervilhas transgénicas poderem também ser utilizadas em dietas de animais a este nível. No entanto, os autores observaram que os resultados do seu estudo nutricional não podem, nesta fase, ser tomados como prova de que as ervilhas transgénicas são adequadas para consumo humano. São claramente necessários testes de avaliação de risco mais específicos, concebidos e desenvolvidos tendo em mente os consumidores humanos. Até à data, de acordo com a literatura, estes estudos não foram efectuados.

Plantas de colza

Para avaliar a potencial toxicidade e alergenicidade da proteína verde fluorescente (GFP), **Richards et al. (2003)** alimentaram ratos desmamados machos com GFP pura e com dietas contendo plantas transgénicas de colza que expressam GFP durante 26 dias. A GFP tornou-se uma ferramenta valiosa na biotecnologia devido à sua eficácia inigualável como marcador em tempo real da atividade do promotor e da expressão genética in vivo. Os animais foram alimentados com AIN-93G (controlo), uma dieta de controlo mais 1,0 mg de GFP purificada diariamente, uma dieta de controlo modificada contendo 200 g/kg de canola (*Brassica rapa* cv Westar), ou uma dieta de controlo contendo 200 g/kg de canola transgénica contendo um de dois níveis de GFP. A ingestão de GFP não teve qualquer efeito sobre o crescimento, a ingestão de alimentos, o peso relativo do intestino ou de outros órgãos ou as actividades das enzimas hepáticas no soro. Uma comparação da sequência de aminoácidos da GFP com alergénios alimentares conhecidos revelou que o maior número de correspondências consecutivas de aminoácidos entre a GFP e um alergénio alimentar foi de quatro, indicando a ausência de epítopos comuns de alergénios. Além disso, a

GFP foi rapidamente degradada durante a digestão gástrica simulada. Estes dados indicaram que a GFP tinha um baixo risco de alergénios na cidade e forneceram provas preliminares de que a GFP representaria um risco mínimo para o abastecimento alimentar. No entanto, nas suas conclusões, os autores observaram que este estudo a curto prazo não é suficiente para garantir a ausência de potenciais riscos para a saúde e que, por conseguinte, são necessários estudos de alimentação a longo prazo. Estes dados não estão atualmente disponíveis na literatura científica.**Tutel'ian et al (1999)** alimentaram ratos durante 5 meses com um concentrado contendo proteínas da soja geneticamente modificada 40-3-2 (Monsanto Co., EUA), 1,25 g/rato/dia. O sangue, a urina e o fígado foram analisados para medir os níveis totais de proteínas e de glicose, as actividades das aminotransferases e da fosfatase alcalina no sangue, o pH da urina, a densidade relativa e os níveis de creatinina, a atividade das enzimas hepáticas da fase I e II do metabolismo dos xenobióticos e as actividades das enzimas lisossomais totais e não sedimentadas. Verificou-se que a adição de sementes de soja geneticamente modificadas à dieta de ratos alterou a função da membrana dos hepatócitos e a atividade enzimática dentro dos padrões fisiológicos, não sendo prejudicial para os sistemas de adaptação.O efeito de sementes de soja GM e não-GM no sistema imunitário de ratos BN e ratinhos B10A foi investigado por Teshima et al. (2000). Nos estudos, o valor alimentar de uma linha de sementes de soja GM foi comparado com o de uma variedade estreitamente relacionada contendo um progenitor (sementes de soja não-GM). A duração do estudo foi de 15 semanas. O crescimento, a pontuação alimentar e a histopatologia dos órgãos imunológicos não revelaram diferenças significativas entre os animais alimentados com linhas GM e não-GM. A produção de IgE específica da soja não foi detectada no soro de nenhum grupo e o aumento da concentração de IgE específica da soja no soro não foi significativo.A IgG foi idêntica nos grupos GM e não-GM. Não foi observada qualquer atividade imunotóxica em ratos ou ratinhos alimentados com sementes de soja GM. Algumas limitações deste estudo são o pequeno número de animais por grupo (cinco) e a duração relativamente curta do estudo (15 semanas).

Phipps et al (2002) alimentaram vacas leiteiras em lactação com uma cultura GM para determinar se o ADN GM poderia ser detectado no leite produzido por essas vacas. Nas semanas 4-12 do estudo, toda a dieta mista (erva e milho não geneticamente modificados) foi substituída por farinha de soja, que representou 26,1% da dieta total nas semanas 4-5 e 13,9% nas semanas 6-12. Os resultados mostraram que não foi possível detetar ADN transgénico no leite das vacas que receberam até 26,1% da sua alimentação como farinha de soja tolerante ao glifosato. O limite de deteção do teste foi fixado em 7,5 jg/l de leite. Foi levantada a hipótese de ter ocorrido uma degradação extensiva do ADN devido ao processo digestivo agressivo e extenso das vacas leiteiras, o que foi investigado por Beever e Kemp (2000). Os autores observaram que, mesmo que no seu estudo tivessem sido detectados fragmentos de ADN transgénico, era de notar que a OMS (1993) tinha concluído que o consumo de ADN, incluindo o proveniente de plantas geneticamente modificadas, não apresentava qualquer risco inerente.

4.1 ASPECTO ECONÓMICO DOS OGM

A produtividade é a chave para a redução da pobreza e, por conseguinte, os OGM provaram ser eficazes para aumentar a produção e o rendimento e reduzir a pobreza. Do ponto de vista económico, alguns dos aspectos óbvios dos OGM são os elevados custos de investimento em actividades de investigação, a economia do registo de patentes, o custo das sementes de OGM para o agricultor e as potenciais margens de lucro devido a rendimentos mais elevados ou a um menor investimento em pesticidas. Para o consumidor, o impacto parece ser relativamente pequeno, uma vez que ou os produtos OGM são semelhantes aos produtos convencionais ou os OGM são apenas parte de um produto final que tem apenas um impacto menor no preço ao consumidor. Por conseguinte, a presente secção centra-se no impacto nos produtores e nos agricultores.

Para os produtores de sementes, os benefícios económicos dos OGM residem no preço mais elevado que pode ser cobrado pelas sementes de OGM. Além disso, as patentes concedidas a produtos ou processos OGM são um benefício para a empresa e podem também gerar receitas. Para os agricultores, os potenciais aumentos de rendimento podem conduzir a um rendimento mais elevado. Se a utilização de factores de produção externos, como herbicidas e pesticidas, for reduzida, os custos de cultivo também diminuirão.

4.2 ASPECTOS AMBIENTAIS DOS OGM

O potencial impacto negativo dos OGM no ambiente e a falta de informação adequada são atualmente amplamente reconhecidos. As preocupações incluem a possível fuga de culturas GM ou de transgénicos para o ambiente, o impacto dos herbicidas de largo espetro utilizados em culturas GM tolerantes a herbicidas nos ecossistemas paisagísticos e o impacto da toxina *do Bacillus* Thuringiensis produzida por culturas Bt em espécies não visadas. Os peritos não estão de acordo quanto à importância e irreversibilidade destes efeitos e quanto às implicações do atual estado dos conhecimentos, ou da sua falta, para a elaboração de políticas.

Até agora, não foram demonstrados efeitos adversos do consumo de alimentos GM na saúde humana, mas algumas provas parciais indirectas apontam para riscos. As principais preocupações prendem-se com a potencial alergenicidade e toxicidade dos alimentos GM (devido à limitada capacidade de controlo da expressão genética) e com a propagação da resistência aos antibióticos (devido à transferência horizontal de genes para as bactérias intestinais humanas).

A avaliação oficial dos riscos para a saúde é denunciada como muito limitada e baseada em conhecimentos selectivos. A experiência até à data sugere que os riscos potenciais para a saúde estão associados ao consumo a longo prazo e/ou maciço de alimentos geneticamente modificados (e não a efeitos adversos agudos). A comercialização de sementes que foram geneticamente modificadas para serem resistentes a um herbicida leva à utilização do herbicida da mesma empresa. De acordo com os dados disponíveis, a alegada redução da utilização de pesticidas nas culturas não foi comprovada. A agricultura geneticamente modificada continua a depender em grande medida da utilização de pesticidas. A utilização generalizada destes herbicidas de largo espetro em grandes quantidades pode exacerbar os efeitos negativos já associados à utilização de herbicidas (resistência das ervas daninhas e dos insectos (nas culturas Bt), resíduos tóxicos no solo, nos alimentos e na água). Este processo, já observado nos EUA, obriga os agricultores a utilizar em excesso um determinado pesticida ou a misturá-lo com outros. De acordo com os dados disponíveis, as avaliações e as controvérsias sobre os benefícios, a alegada redução da utilização de pesticidas pelos OGM não foi comprovada. A existência de efeitos, possivelmente adversos, dos OGM no ambiente é agora amplamente reconhecida, tal como a falta de conhecimentos relevantes. As preocupações prendem-se principalmente com a possível fuga de culturas GM para o ambiente, os efeitos dos herbicidas de largo espetro utilizados em culturas GM tolerantes a herbicidas nos ecossistemas paisagísticos e os efeitos da *toxina Bacillus* produzida por culturas Bt em espécies não visadas. As principais preocupações prendem-se com a potencial alergenicidade e toxicidade dos alimentos GM (devido à limitada capacidade de controlo da expressão genética) e com a propagação da resistência aos antibióticos (devido à transferência horizontal de genes para as bactérias intestinais humanas). A experiência até à data sugere que os potenciais efeitos adversos para a saúde estariam relacionados com o consumo a longo prazo e/ou maciço de alimentos GM (e não com efeitos adversos agudos). No caso dos pesticidas, as consequências da exposição diária a doses baixas constituem uma séria preocupação.

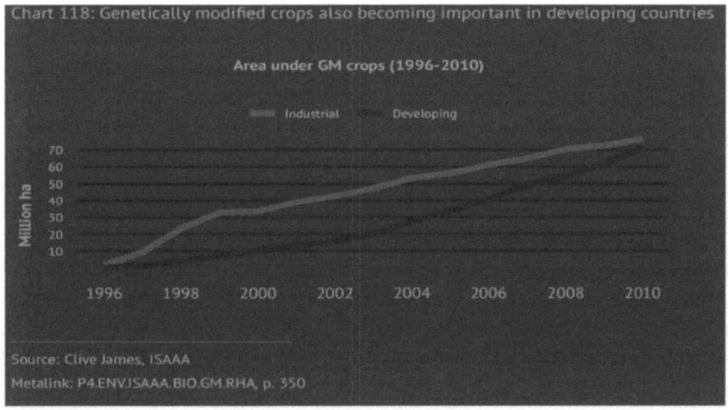

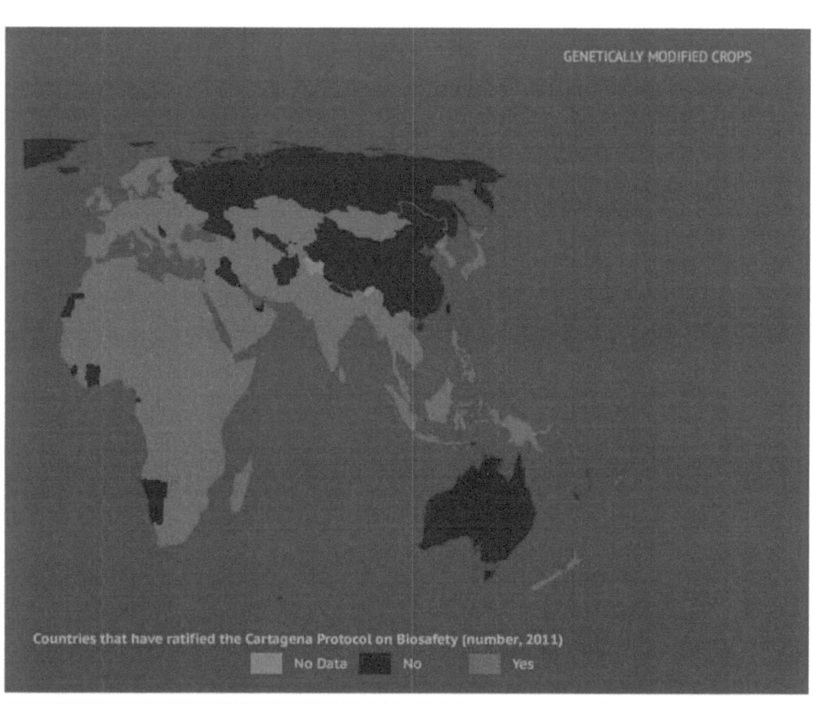

Chart 119: Many crops, among them food, have been subject to genetic modification

Species		
Alfalfa	Melon	Rose
Argentine Canola	Papaya	Soybean
Carnation	Petunia	Squash
Chicory	Plum	Sugar Beet
Cotton	Polish canola	Sweet pepper
Creeping Bentgrass	Poplar	Tobacco
Flax, Linseed	Potato	Tomato
Maize	Rice	Wheat

Source: ISAAA

Metalink: P4.ENV.ISAAA.BIO.GM.CROPS, p. 349

as vendas de fungicidas representaram 22% do mercado total; - os insecticidas representaram 25% do mercado total; - os herbicidas representaram a maior parte das vendas mundiais de pesticidas em 2003, com 50% do mercado total, em comparação com 46,6% do mercado total em 2002

Dados sobre as empresas agroquímicas mais importantes

Company	Total sales			Pesticide sales			Change (%)[4] in pesticide sales		Seed sales			Change (%)[5] in seed sales	
	2004	2003	2002	2004	2003	2002	2004 /2003	2003/ 2002	2004	2003	2002	2004 /2003	2003 /2002
Monsanto *	na	4936	4940	na	3031	3380	na	-11.5	na	1905	1560	na	+22.1
Syngenta * Ind. Crops Horticult..	7269	6525	6197	6030	5421	5260	+11.2	+3.0	1239 648 591	1004 598 506	974 538 436	+23.4 +8 +17	+3.1 +11.1 +16.0
Bayer **	29758	28567	29624	4957	4801	4002	+3.2	+20.0	311	271	90	+14.8	+200.1
Dupont *	27340	26996	24006	6200 ***	5500 ***	4500 ***	+12.7 ***	+22.2 ***					
Dow *	40161	32632	37609	3368 ***	3008 ***	2717 ***	+11.9 ***	+10.7 ***					
Basf **	37537	33361	32216	3355 ***	3178 ***	2964 ***	+5.6 ***	+7.2 ***					

[4](*) em milhões de US $ (♦*) em milhões de euros (***) consolidado com a atividade de sementes Fontes: .[5]

4.3 ASPECTOS SOCIAIS DOS OGM

Segundo a ONG ISAAA (International Service for the Acquisition of Agri-Biotech Applications), favorável aos OGM, estes poderiam contribuir para a redução da pobreza através da melhoria dos rendimentos.
Isto poderia aumentar o rendimento de muitos agricultores de subsistência nos países em desenvolvimento e, assim, conduzir a uma melhoria considerável da qualidade de vida (ISAAA, 1998). Este argumento faz parte de um argumento moral, segundo Myhr e Traavik (2003, pp. 11-12). Do mesmo modo, os OGM são frequentemente vistos como uma solução para o problema da alimentação de uma população mundial em crescimento, sendo os países em desenvolvimento frequentemente citados. A melhoria dos rendimentos é vista como a
o fator mais importante para alcançar este objetivo. Além disso, os agricultores dos países industrializados beneficiarão de melhores rendimentos e de uma menor utilização de factores de produção externos, melhorando assim a sua qualidade de vida através de ganhos económicos.
Um segundo benefício social é a melhoria da saúde, uma vez que a utilização de herbicidas e insecticidas pode ser reduzida e os trabalhadores agrícolas ficam menos expostos a estas substâncias. É claro que os OGM de segunda geração que contêm nutracêuticos podem contribuir para melhorar a saúde. Um exemplo bem conhecido é o Golden Rice, atualmente propriedade da Syngenta, que contém vitamina A. Afirma-se que este arroz poderia ajudar a colmatar a carência de vitamina A nos países em

28

desenvolvimento.

Um importante inconveniente dos OGM para a saúde é o risco de ocorrência de alergénios. Esta situação pode ocorrer inesperadamente, como no caso recente das ervilhas (Prescott *et al.*, 2005), ou pode dever-se à introdução de material genético proveniente, por exemplo, de frutos de casca rija noutras culturas, como a soja (Nordlee *et al.*, 1996). Foram igualmente publicados relatórios sobre os efeitos dos regimes alimentares à base de OGM em animais como os ratinhos e os ratos. Se a utilização de herbicidas e pesticidas aumentar em vez de diminuir, os trabalhadores agrícolas podem ficar mais expostos a estes produtos químicos, o que pode provocar problemas de saúde. Os problemas de saúde específicos associados à engenharia genética resultam da incorporação de genes marcadores resistentes aos antibióticos e de promotores virais na construção genética.) O material genético resistente aos antibióticos pode estar ativo no intestino humano ou animal durante um curto período de tempo, embora seja largamente degradado.

As bactérias presentes no intestino poderiam assim adquirir a propriedade de resistência aos antibióticos e a eficácia dos antibióticos comuns poderia ser reduzida (Nottingham, 2002,). <u>O arroz dourado</u> é um arroz que contém 0-caroteno, o precursor químico da vitamina A. A carência de vitamina A provoca a morte de cerca de um milhão de crianças por ano e leva à cegueira. O problema da carência ocorre principalmente nos países em desenvolvimento (Nottingham, 2002, p. 51). Uma porção média de arroz pode conter 10-40% da dose diária necessária (Nottingham, 2002, p. 166).

No entanto, "factores biológicos, culturais e nutricionais actuam como barreiras" à conversão de 0-caroteno em vitamina A (Nestlé, 2001), e sem
alterações adicionais na dieta podem comprometer a conversão em vitamina A. *Ratos e ratazanas que comem OGM*
Numa experiência, os ratos foram alimentados com soja OGM e comparados com um grupo de controlo alimentado com soja selvagem (Malatesta *et al.*, 2002). Foi encontrada uma diferença significativa nos núcleos das células do fígado, indicando uma diferença na atividade metabólica.

Numa publicação preliminar sobre uma experiência com ratos alimentados com soja transgénica em comparação com ratos alimentados com soja não transgénica e rações convencionais, verificou-se que os ratos alimentados com OGM apresentavam uma mortalidade significativamente mais elevada (55,6% em comparação com 9% e 6,8%) e pesos neonatais significativamente mais baixos ao fim de três semanas. Este estudo foi discutido pelo Comité Consultivo para os Novos Alimentos e Processos (ACNFP) do Reino Unido, que apontou várias incertezas e ambiguidades no estudo (ACNFP, 2005).

4.4 regulamentação dos OGM

Os OGM são regulamentados a nível internacional, nacional e, por vezes, local. São relevantes para esta tese a Convenção sobre a Diversidade Biológica, a legislação da UE, como a Diretiva 2001/18/CE e os Regulamentos (CE) 1829/2003, (CE) 1830/2003 e (CE) 1946/2003. Além disso, os Estados-Membros da UE têm a sua própria aplicação da Diretiva 2001/18/CE.

A Convenção sobre a Diversidade Biológica e o Protocolo de Cartagena sobre a Biossegurança O único tratado internacional que trata dos organismos geneticamente modificados é a Convenção sobre a Diversidade Biológica, que está sob os auspícios da Organização das Nações Unidas (ONU). O Protocolo de Cartagena sobre Biossegurança, que regula o comércio transfronteiriço de organismos vivos modificados, foi assinado no âmbito desta convenção.

Em 1992, a Convenção sobre a Diversidade Biológica (CDB) foi assinada por 150 chefes de Estado e de Governo na Cimeira da Terra no Rio de Janeiro. Até à data, a Convenção tem 188 partes, 158 das quais a ratificaram (CBD, 2006). A Convenção entrou em vigor em 29 de dezembro de 1993.

O Tratado tem os seguintes objectivos (CDB, 2006): "A conservação da diversidade biológica, a utilização sustentável dos seus componentes e a partilha justa e equitativa dos benefícios resultantes da utilização dos recursos genéticos, incluindo o acesso adequado aos recursos genéticos e a transferência adequada das tecnologias pertinentes, tendo em conta todos os direitos sobre esses recursos e tecnologias, bem como um financiamento adequado".

Ao ratificar a Convenção, os governos comprometem-se (CDB, 2006):

• Conservação e utilização sustentável da biodiversidade;

• Desenvolver estratégias e planos de ação nacionais em matéria de biodiversidade e integrá-los em planos nacionais mais amplos em matéria de ambiente e desenvolvimento Identificar e monitorizar os componentes importantes da biodiversidade que precisam de ser conservados e utilizados de forma sustentável;

• Estabelecimento de áreas protegidas para preservar a biodiversidade e, ao mesmo tempo, promover um desenvolvimento ambientalmente correto nas áreas que as rodeiam;

• Reabilitação e recuperação de ecossistemas danificados e promoção da recuperação de espécies ameaçadas de extinção em cooperação com os residentes locais;

• Respeitar, preservar e manter os conhecimentos tradicionais sobre a utilização sustentável da biodiversidade com a participação das populações indígenas e das comunidades locais;

• Prevenir a introdução, o controlo e a erradicação de espécies exóticas que possam ameaçar os ecossistemas, os habitats ou as espécies;

• Controlo dos riscos colocados pelos organismos biotecnologicamente modificados;

• Promover a participação do público, especialmente na avaliação do impacto ambiental dos projectos de desenvolvimento que ameaçam a biodiversidade;

No âmbito da Convenção sobre a Diversidade Biológica (CDB), foi acordado em 29 de janeiro de 2000 um protocolo de importância crucial para o movimento transfronteiriço de OGM: o Protocolo de Cartagena sobre Biossegurança ou Protocolo de Biossegurança (PB). O seu objetivo é proteger a biodiversidade dos riscos potenciais colocados pelos organismos vivos modificados resultantes da biotecnologia moderna (BP, 2006), e os seus principais componentes são um procedimento de consentimento prévio informado e uma câmara de compensação de biossegurança. Refere-se a uma abordagem de precaução e confirma o conceito de precaução estabelecido na Declaração do Rio sobre Ambiente e Desenvolvimento (ONU, 1992). Entrou em vigor em 11 de setembro de 2003 e foi ratificada ou invocada por 134 países até à data. É de salientar que os Estados Unidos, a Argentina e o Canadá não se encontram entre os países que ratificaram ou aderiram ao Protocolo; os Estados Unidos não o assinaram, enquanto a Argentina e o Canadá o fizeram (BP, 2006).

Legislação da UE

A primeira comunicação da CE sobre OGM foi publicada em meados da década de 1980. Nessa altura, a engenharia genética era uma tecnologia emergente e ainda faltavam muitos anos para que o primeiro produto alimentar geneticamente modificado fosse colocado no mercado. A Diretiva 90/220/CE, adoptada em 1990, foi o primeiro documento vinculativo sobre o assunto (Sindico, 2005). Esta diretiva tratava da "libertação deliberada no ambiente de organismos geneticamente modificados" (UE, 1990), e os seus principais procedimentos e características eram:
• O pedido deve ser apresentado à autoridade competente do Estado-Membro em que está prevista a libertação deliberada ou a colocação no mercado;
• O Estado-Membro informava os outros Estados-Membros e, se não fossem levantadas objecções, o produto era autorizado em todos os Estados-Membros. Caso contrário, era solicitado o parecer de um comité científico a nível da UE;

• Os órgãos de decisão seguintes foram o Comité de Regulamentação e depois o Conselho Europeu de Ministros;
• Existe uma cláusula de salvaguarda que os Estados-Membros podem invocar se tiverem sérias preocupações relativamente a um determinado OGM.
Em 1997, foi adotado o Regulamento (CE) n.º 258/97 da UE relativo a novos alimentos e ingredientes alimentares. Este regulamento aborda principalmente o aspeto da segurança alimentar. A rotulagem também é regulamentada: Todos os "alimentos e ingredientes alimentares que contenham ou sejam constituídos por um OGM" devem ser rotulados, bem como os aditivos, aromas e sementes (CE, 2001).
Ao abrigo destas directivas e regulamentos, foram autorizados no mercado da UE 10 produtos alimentares e alimentos para animais geneticamente modificados (ver Anexo 5). No entanto, no final da década de 1990, as preocupações nos Estados-Membros e entre o público tornaram-se mais fortes e foi manifestada insatisfação com a legislação em vigor (Annerberg, 2003; Vogel, 2002). Esta situação levou a uma paragem temporária das autorizações de OGM, o início da chamada "moratória de facto".) Por conseguinte, foi elaborada nova legislação e, em 2001, a Diretiva 90/220/CE foi substituída pela Diretiva 2001/18/CE, que ainda está em vigor. De acordo com Annerberg, a nova diretiva difere da antiga em vários aspectos importantes, como a

consideração especial dos genes marcadores resistentes aos antibióticos, os efeitos cumulativos a longo prazo, a rastreabilidade e a rotulagem, bem como a disponibilidade de informações sobre as áreas de cultivo e a primeira autorização de um OGM limitada no tempo (Annerberg, 2003). A legislação da UE em matéria de OGM pode ser resumida através da enumeração dos pontos mais importantes da Diretiva 2001/18/CE (CE, 2005):

• "Princípios para a avaliação do impacto ambiental;

• Requisitos obrigatórios para a monitorização pós-comercialização, também no que respeita aos efeitos a longo prazo. Em relação à interação com outros OGM e com o ambiente;

• Informação obrigatória para o público;

• Obrigação dos Estados-Membros de garantir a rotulagem e a rastreabilidade em todas as fases da colocação no mercado;

• Informações sobre a identificação e deteção de OGM para facilitar a monitorização e o controlo pós-comercialização;

• As autorizações iniciais para a libertação de OGM devem ser limitadas a um período máximo de dez anos;

Os Estados-Membros da UE

No âmbito do sistema regulamentar da UE, as regras devem ser seguidas em todos os Estados-Membros, embora estes tenham uma certa liberdade para aplicar as directivas a nível nacional, desde que o objetivo declarado seja alcançado. No contexto dos OGM, a Diretiva 2001/18/CE pode, portanto, diferir de Estado-Membro para Estado-Membro, embora todas as regras sejam as mesmas.

5.1 ANÁLISE DOS ARGUMENTOS A FAVOR DA ECO-BIOTECNOLOGIA

O caso CE ou Comunidade Europeia - Medidas relativas à autorização e comercialização de produtos biotecnológicos foi um caso famoso entre os EUA e a UE, decidido pelo Órgão de Resolução de Litígios da OMC em 29 de setembro de 2006.

Os EUA, juntamente com o Canadá e a Argentina, deram o

Os queixosos alegam que a UE violou as regras da OMC no caso dos OGM, uma vez que a UE adoptou uma abordagem restritiva no que se refere à autorização de sementes comerciais de OGM no mercado comunitário. O principal objetivo dos queixosos era a proibição dos OGM, mas também visavam a recusa da UE e de alguns Estados-Membros em autorizar determinados OGM no mercado. O pedido de constituição de um painel foi apresentado em 2003.

Com 760 páginas, o relatório foi o mais longo da história da OMC, tendo sido também publicadas várias análises do relatório.

Introdução ao caso:

Neste caso, foram colocados 3 elementos principais no centro e visados
1. A moratória "*de facto*" da UE
2. Medidas específicas por produto da UE e
3. Medidas de proteção dos Estados-Membros

Entre 1998 e 2003, a UE não autorizou um único pedido de autorização de OGM. Esta situação foi entendida como uma "moratória geral *de facto*" e foi questionada como tal pelos queixosos.

Além disso, a autorização de determinados produtos OGM foi recusada em 27 casos que envolviam medidas comunitárias específicas para cada produto (CIEL, 2006). O procedimento abrange igualmente as proibições impostas por vários Estados-Membros da UE a determinados produtos OGM, conhecidas na linguagem comunitária como medidas de salvaguarda, ao abrigo da Diretiva 2001/18/CE. Estavam em causa nove medidas de salvaguarda, de seis Estados-Membros: Áustria, França, Alemanha, Grécia, Itália e

Luxemburgo; no entanto, a moratória de facto terminou em 2004 com a autorização de uma cultura de OGM a nível da UE

Temas potencialmente comprometidos

Um litígio comercial pode ter um impacto a vários níveis, ou seja, o sistema jurídico da OMC desenvolve uma interpretação das leis comerciais e, evidentemente, a legislação do país demandado pode ter de ser alterada. O que é que está em jogo no *processo CE - Biotecnologia?*

De acordo com Kerr (1999), um litígio comercial relativo a OGM tem certas características. Em primeiro lugar, existem grandes diferenças de legislação entre os principais actores neste caso, a UE e os EUA. Por conseguinte, os produtores de OGM dos Estados Unidos consideram que as suas exportações estão a ser injustamente restringidas, pelo que irão desencadear um litígio comercial. Em segundo lugar, o desenvolvimento tecnológico neste domínio de alta tecnologia pode evoluir tão rapidamente que a regulamentação não consegue acompanhar o ritmo e é considerada injusta.

Em terceiro lugar, é pouco provável que num futuro próximo se chegue a um consenso científico sobre os prós e os contras dos OGM. Por conseguinte, é pouco provável que outros organismos referidos pela OMC, como o Codex Alimentarius (Mbengue e Thomas, 2005), publiquem uma norma harmonizada sobre os OGM.

O quarto produto OGM, se for autorizado, é geralmente avaliado caso a caso. Qualquer um destes juízos pode dar origem a um conflito. Em quinto lugar, existe um debate considerável sobre os "efeitos a longo prazo [dos OGM] sobre

saúde humana e o ambiente" (Kerr, 1999).

Em primeiro lugar, está em causa a legislação da UE em matéria de OGM, nomeadamente a anterior a 2003, e a questão de saber se está ou não em conformidade com a OMC. Além disso, podem ser necessárias interpretações dos acordos e termos da OMC, tais como produtos similares, provas científicas, avaliação de riscos e atrasos indevidos. Trata-se de termos de acordos da OMC como o GATT, SPS e TBT que são relevantes para este caso. Em terceiro lugar, existem princípios mais amplos em matéria de "comércio e ambiente", tais como o estatuto do princípio da precaução nos acordos comerciais e a coexistência de acordos ambientais multilaterais (AMA) e de acordos comerciais. Por último, questões como a reputação da OMC e as relações comerciais transatlânticas podem ser afectadas por este caso.

Terceiros, como os países em desenvolvimento, também serão afectados, por exemplo, no que diz respeito às relações comerciais com os OGM.

5.2 CONCLUSÕES DO PAINEL

• A CE aplicou uma moratória geral de facto de junho de 1999 a agosto de 2003, contrariando assim o artigo 8º e o Anexo C(1)(a) do Acordo SPS.

• O Painel recomendou que o Órgão de Resolução de Litígios solicitasse às Comunidades Europeias que colocassem a moratória geral de autorização de facto em conformidade com as suas obrigações ao abrigo do Acordo SPS, se e na medida em que esta medida ainda não tivesse expirado. Ao fazê-lo, o Painel anulou a conclusão do seu relatório intercalar de que a moratória geral tinha terminado e, por conseguinte, não fez qualquer recomendação a este respeito.

• O procedimento de autorização de 24 dos 27 chamados **9** "produtos biotecnológicos" sofreu atrasos injustificados.

• As nove medidas de salvaguarda instituídas por alguns Estados-Membros da UE não se basearam numa avaliação dos riscos e os Estados-Membros dispunham de provas científicas suficientes para efetuar uma avaliação dos riscos em conformidade com o n.º 1 do artigo 5.º do Acordo SPS, uma vez que o comité científico competente a nível da CE tinha avaliado os riscos potenciais para a saúde humana e o ambiente. As medidas de salvaguarda eram, por conseguinte, incompatíveis com os requisitos do n.º 7 do artigo 5.º do Acordo SPS, que permite aos membros da OMC adotar provisoriamente medidas SPS nos casos em que as provas científicas pertinentes são insuficientes.

O Painel recomendou que o Órgão de Resolução de Litígios (ORL) solicitasse à CE que pusesse em conformidade as medidas específicas aplicáveis aos produtos em causa com as obrigações que lhe incumbem por força do **Acordo SPS10** , ou seja, que concluísse o processo de autorização dos pedidos pendentes, e que solicitasse à CE que pusesse em conformidade as medidas de salvaguarda aplicáveis dos Estados-Membros com as obrigações que lhe incumbem por força do **Acordo SPS11** , ou seja, que as revogasse ou que apresentasse uma avaliação de risco em conformidade com o SPS para justificar as medidas de salvaguarda.

Esta análise discute as implicações do acórdão, caso seja confirmado em recurso, para as antigas e novas medidas restritivas contra os organismos geneticamente modificados e para a relação entre o Protocolo sobre Biossegurança e o regime da OMC.

6.1 WTO - INTRODUÇÃO

O Acordo Geral sobre Pautas Aduaneiras e Comércio (GATT) de 1948 tornou-se oficialmente a Organização Mundial do Comércio (OMC) em 1 de janeiro de 1995, mas no âmbito do Acordo de Marraquexe de 15 de abril de 1994.
O principal objetivo da OMC é regular o comércio entre os seus países membros, estabelecendo várias normas comerciais.
Os acordos no âmbito da OMC, como o Acordo Geral sobre Pautas Aduaneiras e Comércio (GATT), o Acordo sobre a Agricultura (AO), o Acordo sobre Medidas Sanitárias e Fitossanitárias (SPS), o Acordo sobre os Obstáculos Técnicos ao Comércio (TBT) e o Acordo sobre os Direitos de Propriedade Intelectual Relacionados com o Comércio (TRIPS) são importantes para compreender o funcionamento da OMC.

6.2 HISTÓRIA DA OMC

A Organização Mundial do Comércio (OMC) remonta ao início do século XX. Após a crise económica dos anos 30 e da Segunda Guerra Mundial, foram realizadas negociações para aumentar o comércio mundial de mercadorias e reduzir as barreiras comerciais. Esta iniciativa foi motivada pelo facto de os direitos aduaneiros e outras barreiras comerciais terem contribuído para a crise dos anos 30 e para a Segunda Guerra Mundial. As negociações conduziram inicialmente à criação da Organização Internacional do Comércio (OIM), que foi substituída pelo Acordo Geral sobre Pautas Aduaneiras e Comércio (GATT) em 1948 (Lowenfeld, 2003). As chamadas instituições de Bretton Woods (o Fundo Monetário Internacional e o Banco Mundial) foram também fundadas nesta altura.
Nas décadas seguintes, realizaram-se várias rondas de negociações comerciais, centradas sobretudo na redução dos direitos aduaneiros e na adesão de novos membros. Questões como as barreiras não pautais, as subvenções, o dumping, os contratos públicos e o tratamento especial para os países em desenvolvimento (também conhecido por tratamento especial e diferenciado ou TED) foram formalmente debatidas pela primeira vez em 1973.
Na chamada Ronda do Uruguai, que durou de 1986 a 1993, foram incluídos o comércio transfronteiriço de serviços e os direitos de propriedade intelectual e foi fundada uma organização de cúpula, a Organização Mundial do Comércio, que iniciou oficialmente os seus trabalhos em 1994. De um modo geral, a influência do GATT e da OMC deslocou-se das tarifas sobre as mercadorias para muitos aspectos da sociedade, incluindo a proteção da saúde e do ambiente.

6.3 ESTRUTURA DA OMC

A OMC ocupa-se de três domínios principais: o comércio internacional de mercadorias, o comércio internacional de serviços e os aspectos dos direitos de propriedade intelectual relacionados com o comércio. Os três acordos mais importantes são os seguintes:
• O Acordo Geral sobre Pautas Aduaneiras e Comércio (GATT) para o comércio de mercadorias
• O Acordo Geral sobre o Comércio de Serviços (GATS)
• O Acordo sobre os Direitos de Propriedade Intelectual Relacionados com o Comércio (TRIPS).
No âmbito do GATT, existem vários acordos para sectores específicos, como o Acordo sobre a Agricultura (AoA), o Comércio de Têxteis e Vestuário e as Medidas de Investimento Relacionadas com o Comércio (TRIM). Outros acordos são o Acordo sobre Medidas Sanitárias e Fitossanitárias (SPS) e o Acordo sobre os Obstáculos Técnicos ao Comércio (TBT). A estrutura organizativa da OMC é apresentada no diagrama. A maioria dos acordos é vinculativa para os países membros, apenas alguns são os chamados acordos plurilaterais, ou seja, acordos voluntários. Um deles é o GATS, no âmbito do qual os países negoceiam os serviços que pretendem abrir à liberalização. *Figura. A estrutura organizativa da Organização Mundial do Comércio (OMC). Fonte: Understanding the WTO (OMC 2006c).*

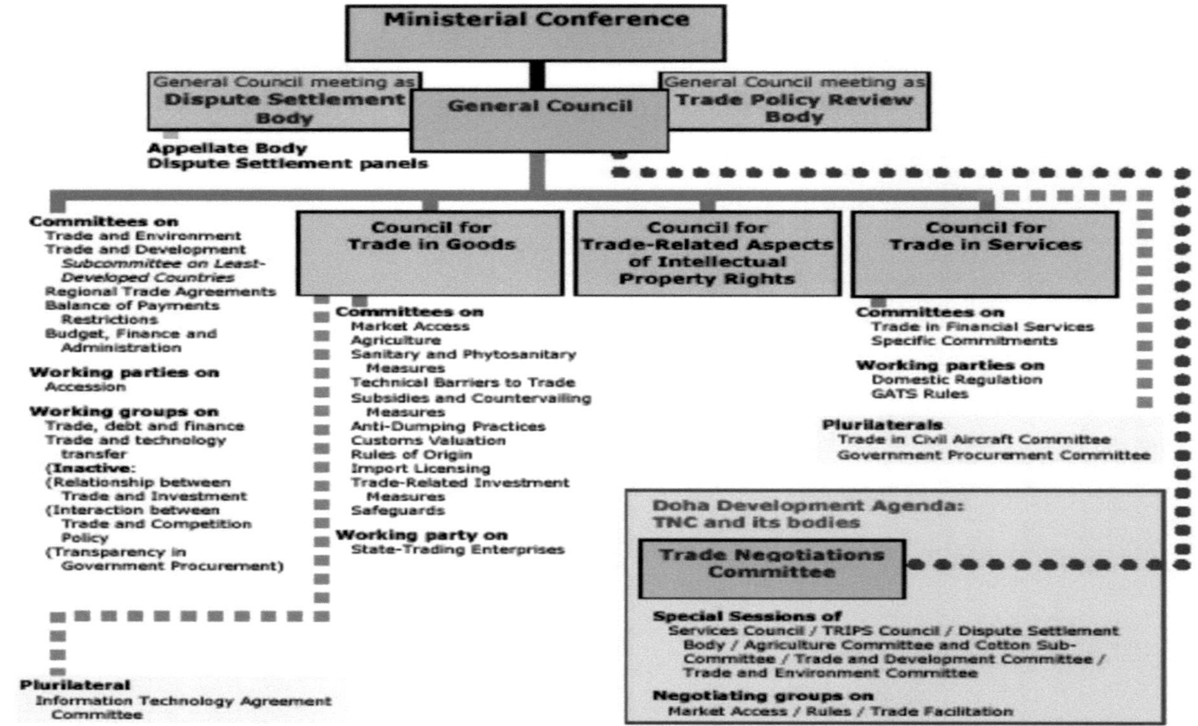

Ministerial Conference
General Council meeting as Dispute Settlement Body
General Council
General Council meeting as Trade Policy Review Body
Appellate Body
Dispute Settlement panels
Committees on
Trade and Environment
Trade and Development
Subcommittee on Least-Developed Countries
Regional Trade Agreements
Balance of Payments Restrictions
Budget, Finance and Administration
Working parties on
Accession
Working groups on
Trade, debt and finance
Trade and technology transfer
(Inactive:
(Relationship between Trade and Investment
(Interaction between Trade and Competition Policy
(Transparency in Government Procurement)
Plurilateral
Information Technology Agreement Committee
Council for Trade in Goods
Committees on
Market Access
Agriculture
Sanitary and Phytosanitary Measures
Technical Barriers to Trade
Subsidies and Countervailing Measures
Anti-Dumping Practices
Customs Valuation
Rules of Origin
Import Licensing
Trade-Related Investment Measures
Safeguards
Working party on
State-Trading Enterprises
Council for Trade-Related Aspects of Intellectual Property Rights
Council for Trade in Services
Committees on
Trade in Financial Services
Specific Commitments
Working parties on
Domestic Regulation
GATS Rules
Plurilaterals
Trade in Civil Aircraft Committee
Government Procurement Committee
Doha Development Agenda: TNC and its bodies
Trade Negotiations Committee
Special Sessions of
Services Council / TRIPS Council / Dispute Settlement Body / Agriculture Committee and Cotton Sub-Committee / Trade and Development Committee / Trade and Environment Committee
Negotiating groups on
Market Access / Rules / Trade Facilitation

6.4 TRABALHO DA OMC

A principal tarefa da OMC é -
1) **Resolução de litígios**
2) **Tomada de decisões**

1) **Resolução de litígios** - Um dos pontos fortes da OMC é a capacidade de impor coimas aos países membros que violam as regras da OMC. Se um país membro não cumprir as regras da OMC e outro país membro não as cumprir, podem ser solicitadas consultas com o membro que não cumpre as regras. Se não for encontrada uma solução para o litígio no prazo de 60 dias, o membro pode solicitar a criação de um órgão de resolução de litígios.
No prazo de seis meses, este painel deve apresentar um relatório final com recomendações ao Órgão de Resolução de Litígios (ORL), que responde perante o Conselho Geral. O ORL pode então tomar a sua decisão. Durante este período, as partes podem apresentar observações escritas e orais ao painel; terceiros (outros membros da OMC) também o podem fazer, em certa medida.
As queixas baseadas exclusivamente em questões jurídicas ou interpretações jurídicas - não podem ser apresentados novos factos - podem ser apresentadas ao órgão de recurso permanente (OR), que deve então fazer recomendações e informar o ORL no prazo de 60 dias. O Órgão de Resolução de Litígios deve então tomar uma decisão, após a qual os membros têm 30 dias para cumprir a decisão. Se o membro não cumprir a decisão, o queixoso pode recorrer ao Órgão de Resolução de Litígios e solicitar o início de medidas de retaliação contra o membro.

2) *Tomada de decisões*

A OMC tem atualmente 151 países membros, em que cada membro tem um voto, e a OMC ainda não chegou a nenhuma decisão por maioria. A Conferência Ministerial é o órgão máximo de decisão e reúne-se de dois em dois anos. O Conselho Geral, ou seja, os embaixadores e chefes de delegação da OMC em Genebra, desempenha as tarefas entre as Conferências Ministeriais e é orientado pelas decisões da Conferência Ministerial.

Outras reuniões entre as conferências ministeriais são reuniões de grupos de trabalho, reuniões de comités e "mini-reuniões ministeriais", reuniões informais com uma seleção de membros.
As rondas de negociações comerciais estendem-se geralmente por vários anos; as negociações actuais são conhecidas como a Agenda de Desenvolvimento de Doha (OMC, 2006a). As negociações tiveram início em 2001 e foram essencialmente

suspensas em julho de 2006 devido a dificuldades em chegar a um acordo. Diziam respeito a questões como o comércio de serviços, a agricultura e questões de aplicação. Os acordos mais importantes no âmbito da OMC:
1 Acordo Geral sobre Pautas Aduaneiras e Comércio (GATT)
2 Acordo sobre medidas sanitárias e fitossanitárias (SPS)
3 Acordo sobre os obstáculos técnicos ao comércio (TBT)
4 Acordo sobre os direitos de propriedade intelectual relacionados com o comércio

1. Acordo Geral sobre **Pautas** Aduaneiras e **Comércio (GATT)** - O Acordo Geral sobre Pautas Aduaneiras e Comércio (GATT) foi celebrado pela primeira vez em 1947. O acordo é composto por quatro partes e vários anexos. A Parte 1 descreve o princípio do tratamento da nação mais favorecida (NMF), tal como referido na secção anterior, enquanto a Parte II (Artigos III - XXIII) começa com o princípio do tratamento nacional, também referido na secção anterior, e inclui artigos sobre anti-dumping, eliminação de restrições quantitativas, subsídios e excepções gerais e de segurança, entre outros. A Parte III trata de questões mais práticas, como a entrada em vigor e a retirada. Por último, a Parte IV (artigos XXXVI - XXXVIII e Anexo A - I) aborda a questão central do comércio e do desenvolvimento. Esta parte pode ser considerada como o início do Tratamento Especial e Diferenciado (TED), um termo da OMC para designar os países industrializados que adoptam medidas especiais para promover o comércio com os países menos desenvolvidos.
países menos desenvolvidos (PMD). Os artigos I e III já foram mencionados, uma vez que se referem a "produtos similares "60 . O artigo XX é um artigo fundamental para o debate sobre comércio e ambiente: trata-se de uma cláusula geral de exceção que permite aos membros, em determinadas condições, adaptar medidas incompatíveis com os compromissos assumidos no âmbito do GATT.

2) Acordo sobre medidas sanitárias e fitossanitárias (SPS)

O Acordo sobre Medidas Sanitárias e Fitossanitárias (SPS) autoriza essas medidas para evitar a propagação de pragas, a propagação de doenças transmitidas por plantas ou animais, a contaminação ou toxinas nos alimentos, etc. (SPS, 1994). (SPS, 1994). No entanto, a aplicação das medidas sanitárias e fitossanitárias deve respeitar um certo número de obrigações e princípios. O preâmbulo afirma que "... nenhum Membro deve ser impedido de adotar ou aplicar as medidas necessárias para proteger a vida ou a saúde humana, animal ou vegetal, desde que essas medidas não sejam aplicadas de forma a constituírem um meio de discriminação arbitrária ou injustificável entre Membros em igualdade de condições ou uma restrição dissimulada ao comércio internacional".
Em suma, a medida deve basear-se em princípios científicos e as medidas não devem ser mantidas "sem provas científicas suficientes, exceto nos casos previstos no n.º 7 do artigo 5.º" (ou seja, n.º 7 do artigo 5.º) (SPS, 1994, n.º 2 do artigo 2.º). É necessária

uma avaliação dos riscos (SPS, 1994, artigo 5.1). Os artigos pertinentes do Acordo são os seguintes: 2.2, 5.1 e 5.7

A jurisprudência estabeleceu que devem ser aplicados os seguintes princípios:

• Os deputados têm o direito de determinar o seu próprio nível de proteção adequado.

• Os riscos para a vida ou a saúde das pessoas, dos animais ou das plantas devem ser avaliados, podendo esta avaliação ser qualitativa ou quantitativa.

• Os membros não são obrigados a basear-se em pareceres científicos maioritários, mas podem basear as medidas de proteção da vida ou da saúde humana, animal ou vegetal em fontes reconhecidas de pareceres científicos divergentes. O n.º 2 do artigo 2.º não só estipula que as medidas se devem basear em princípios científicos, como também estabelece que as medidas de proteção da vida ou da saúde das pessoas, dos animais ou das plantas *só* podem ser tomadas "na medida do necessário" (sublinhado nosso). Isto significa que as medidas não devem ser mais restritivas para o comércio do que o necessário (também no n.º 6 do artigo 5.º), embora os Estados-Membros possam estabelecer o seu próprio nível de proteção.

O n.º 1 do artigo 5.º estabelece que as medidas devem basear-se numa avaliação dos riscos. A avaliação dos riscos é definida no Anexo A do Acordo MSF, e esta definição é bastante específica (Bernasconi-Osterwalder *et al.*, 2006, p. 261). Por conseguinte, nem todas as formas de avaliação dos riscos são compatíveis com o Acordo MSF, embora a frase "conforme adequado às circunstâncias" permita alguma flexibilidade. O Órgão de Recurso decidiu que o n.º 1 do artigo 5.º é uma aplicação específica dos princípios científicos exigidos no n.º 2 do artigo 2.º e que os riscos a considerar podem ser riscos na sociedade humana ou riscos laboratoriais. No entanto, continua a não ser claro até que ponto, por exemplo, os riscos socioeconómicos podem ser tidos em conta (Bernasconi-Osterwalder *et al.*, 2006, p. 262). Outra questão importante é a de saber quem suporta os custos da avaliação dos riscos; um Estado-Membro tem de provar que os riscos associados a um determinado OGM são demasiado elevados, ou seja, efetuar a sua própria avaliação dos riscos, ou é o importador ou o fornecedor que tem de cumprir os requisitos da avaliação dos riscos? Os efeitos das decisões de litígio da OMC permanecem pouco claros neste contexto, como demonstra o caso *CE - Biotech*. Uma abordagem de precaução pode ser justificada pelo artigo 5.7 do Acordo SPS. Este artigo estabelece: (SPS, 1994, artigo 5.7):

N.º 2 do artigo 2.º, n.º 1 do artigo 5.º e n.º 7 do artigo 5.º do Acordo SPS

Artigo 2.2 Os membros assegurarão que as medidas sanitárias ou fitossanitárias sejam aplicadas apenas na medida do necessário para proteger a vida ou a saúde humana, animal ou vegetal, que se baseiem em princípios científicos e que não sejam mantidas sem provas científicas suficientes, exceto nos casos previstos no artigo 5.7.

Artigo 5.º, n.º 1 Os membros assegurarão que as suas medidas sanitárias ou fitossanitárias se baseiem numa avaliação dos riscos para a vida ou a saúde humana, animal ou vegetal adequada às circunstâncias, tendo em conta os procedimentos de avaliação dos riscos desenvolvidos pelas organizações internacionais pertinentes.

Artigo 5.7. 1 - Nos casos em que as provas científicas relevantes sejam insuficientes, um Membro pode adotar provisoriamente medidas sanitárias ou fitossanitárias com base na informação relevante disponível, incluindo informação de organizações internacionais relevantes e medidas sanitárias ou fitossanitárias aplicadas por outros Membros. Nessas circunstâncias, os Membros esforçar-se-ão por obter as informações adicionais necessárias para uma avaliação mais objetiva dos riscos e por rever a medida sanitária ou fitossanitária em conformidade num prazo razoável. "Nos casos em que as provas científicas pertinentes sejam insuficientes, um membro pode adotar provisoriamente medidas sanitárias ou fitossanitárias..." No entanto, os membros são obrigados a esforçar-se por obter informações adicionais - uma indicação clara de quem é responsável por isso. Além disso, o artigo descreve informação "insuficiente", ou seja, "pouca ou nenhuma informação fiável". Foi explicitamente indicado que tal não inclui incertezas científicas. A jurisprudência levou à adoção de um procedimento em quatro fases (Bernasconi- Osterwalder *et al.*, 2006, p. 263):
• A medida só pode ser imposta se "as informações científicas pertinentes forem insuficientes";
• A medida deve ser adoptada "com base nas informações pertinentes disponíveis";
• O membro deve "esforçar-se por obter as informações complementares necessárias para uma avaliação mais objetiva dos riscos";
• O Membro deve rever a medida em conformidade num período de tempo razoável. Uma medida adoptada ao abrigo deste artigo (o único que permite uma abordagem cautelar) é, por conseguinte, sempre temporária para estar em conformidade com as regras da OMC.
O Anexo A do Acordo SPS estabelece quais as medidas abrangidas pelo Acordo, definindo assim grande parte do seu âmbito de aplicação, e o Anexo B descreve questões de transparência, como a notificação e a publicação de medidas. Por último, o Anexo C trata dos procedimentos de controlo, inspeção e autorização. A alínea a) do artigo 1º, por exemplo, estabelece que "... estes procedimentos devem ser efectuados e concluídos sem demora injustificada ..." (SPS, 1994)

3) O Acordo sobre os obstáculos técnicos ao comércio

O principal objetivo do TBT é a introdução de normas equitativas ou a eliminação das normas que causam obstáculos ao comércio.
O Acordo sobre os Obstáculos Técnicos ao Comércio (OTC) tem por objetivo assegurar que os requisitos ou normas (voluntárias) adoptados pelos Estados-Membros não constituam obstáculos desnecessários ao comércio (artigo 2.2) ou conduzam a um tratamento desigual dos produtos importados em relação aos produtos nacionais (artigo 2.1) (OTC, 1994; Lowenfeld, 2003, p. 79)
O acordo abrange todos os domínios não abrangidos pelo acordo SPM. Este acordo

reconhece a necessidade de os membros protegerem a vida humana, animal e vegetal, a saúde ou o ambiente. Pode ser visto como uma tentativa de conciliar os requisitos comerciais, como a não discriminação e a proibição de barreiras comerciais, com a preocupação com a saúde e o ambiente.

A Convenção promove a aplicação de normas internacionais e a harmonização e exige que os membros "tomem as medidas razoáveis de que disponham" para garantir que os governos locais e os organismos não governamentais também cumpram as regras da Convenção relativas à preparação, adoção e aplicação de regulamentos técnicos (artigo 3.1). No futuro, esta situação poderá dar origem a tensões entre o governo nacional e o governo local ou a organização não governamental.

4) Acordo sobre os direitos de propriedade intelectual relacionados com o comércio (TRIP)-

O Acordo sobre os Direitos de Propriedade Intelectual Relacionados com o Comércio (TRIPS) protege a propriedade intelectual (PI) nos domínios dos programas informáticos, das obras artísticas, dos circuitos integrados, das indicações geográficas, *etc.*, bem como dos produtos alimentares e farmacêuticos patenteados. O acordo obriga basicamente os membros a aderirem ao sistema da OMPI (Organização Mundial da Propriedade Internacional), mesmo que o membro da OMC não seja membro da OMPI (Lowenfeld, 2003, p. 102). Contém artigos sobre o tratamento da nação mais favorecida e o tratamento nacional e obriga os membros a introduzirem procedimentos para a aplicação das infracções à propriedade intelectual (TRIPS, 1994, artigo 41.º). Estes procedimentos devem ser "justos e equitativos", não devem ser "desnecessariamente complicados ou onerosos" e não devem implicar "prazos não razoáveis ou atrasos injustificados" (Lowenfeld).

Artigos relevantes do Acordo sobre os Obstáculos Técnicos ao Comércio (OTC). Fonte: TBT (1994).

N.º 1, n.º 2 e n.º 1 do artigo 3.º do Acordo TBT

Article 2.1. Os membros velarão por que, no que respeita às regulamentações técnicas, os produtos importados do território de um membro beneficiem de um tratamento não menos favorável do que o concedido aos produtos similares de origem nacional e aos produtos similares originários de qualquer outro país.

Article 2.2. Os membros devem assegurar que as regulamentações técnicas não sejam elaboradas, adoptadas ou aplicadas com o objetivo ou o efeito de criar obstáculos desnecessários ao comércio internacional. Para o efeito, as regulamentações técnicas não devem ser mais restritivas para o comércio do que o necessário para atingir um objetivo legítimo, tendo em conta os riscos que o seu incumprimento implicaria. Tais objectivos legítimos *incluem:* requisitos de segurança nacional, prevenção de práticas fraudulentas, proteção da saúde ou segurança humana, da vida ou saúde animal ou vegetal ou do ambiente. A avaliação de tais riscos deve ter em conta, *nomeadamente,* a informação científica e técnica disponível, a tecnologia de transformação relevante ou a utilização final prevista dos produtos. ***Artigo 3.1*** Os membros tomarão as medidas razoáveis de que disponham para assegurar que essas entidades [entidades governamentais e não governamentais locais] cumpram as disposições do artigo 2.º, com exceção dos requisitos de apresentação de relatórios previstos nos n.ºs 9.2 e 9.2. 10.1 do artigo 2.

TRIPS e a Convenção sobre a Diversidade Biológica (CDB)-

Uma vez que o acordo TRIPS se centra no registo de patentes e nos direitos de propriedade intelectual (DPI) e o acordo CDB (secção 2.3.1) descreve os aspectos dos recursos genéticos em termos de partilha equitativa dos recursos e de acesso à tecnologia, é possível observar um conflito na área do registo de patentes de material ou processos genéticos - algo que é muito importante para a engenharia genética.
O acordo TRIPS, no âmbito da OMC, entrou em vigor seis meses após o acordo CDB. O TRIPS foi comentado como "universalizando o nível de proteção da propriedade intelectual nos países desenvolvidos" (Bernasconi-Osterwalder *et al.*, 2006, 307308), enquanto a CDB promove os conhecimentos tradicionais das comunidades indígenas e locais. O artigo 16.5 da CDB afirma que as patentes e os direitos de propriedade intelectual "apoiam e não contrariam os objectivos [da CDB]" (CDB, 2006). Outro ponto crucial é a ênfase nos direitos privados no Acordo TRIPS e a menção dos direitos soberanos do Estado sobre os recursos naturais. Por conseguinte, coloca-se a questão de saber se estes dois acordos estão em sinergia ou em conflito um com o outro. Numa análise mais aprofundada (Bernasconi-Osterwalder *et al.*, 2006, Capítulo 7), são identificados os seguintes problemas principais:
- Patenteamento de formas de vida - embora a alínea b) do n.º 3 do artigo 27.º do Acordo TRIPS estabeleça que as plantas, os animais e alguns processos essencialmente biológicos podem ser excluídos da patenteabilidade (TRIPS, 1994) se existir um sistema *sui generis* igualmente eficaz.

1) Efeitos da decisão da OMC *CE - Biotecnologia*

Os resultados mais importantes são:

• A aplicação da legislação da UE poderá sofrer alterações, mas, de resto, não se prevêem alterações à legislação propriamente dita.

• É provável que as medidas de salvaguarda de alguns Estados-Membros sejam afectadas; caso contrário, poderá haver uma ligeira mudança no sentido de uma atitude mais aberta em relação aos OGM em alguns Estados-Membros. Não se registarão alterações muito profundas na atitude da CE ou dos Estados-Membros em resultado do acórdão.

• No entanto, vários Estados-Membros salientam que a CE está reforçada e pode querer aplicar a legislação comunitária de forma mais rigorosa (por exemplo, para acelerar a autorização ou eliminar as medidas de salvaguarda). Este facto enfraquece a posição dos Estados-Membros que se opõem aos OGM.

Outras opiniões e pensamentos expressos foram que o Ministério dos Assuntos Económicos poderia ser mais forte nas discussões interministeriais devido a este caso. Foi igualmente mencionada a pressão exercida pelas ONG ambientais sobre o Ministro do Ambiente para que rejeite os OGM. Pode, portanto, dizer-se que este ministro está a sofrer pressões de lados opostos no debate. É de notar que, na secção anterior, a interação com os grupos de interesses foi mencionada como um aspeto positivo, ao passo que o envolvimento dos grupos de interesses é visto de forma mais negativa nesta secção. Isto pode, evidentemente, dever-se ao facto de ter sido mencionado por vários representantes de Estados-Membros, sendo que o Estado-Membro que comentou favoravelmente o envolvimento dos interessados é um Estado-Membro grande e mais antigo da UE e não foi mais específico do que a simples menção de "envolvimento dos interessados" durante a entrevista.

Os outros dois Estados-Membros, que tendem a opor-se ao envolvimento das partes interessadas, deram exemplos específicos de casos em que as partes interessadas actuaram contra os seus próprios interesses.

Outro aspeto mencionado foi que cada país pode estabelecer o seu próprio nível de proteção (um argumento que foi utilizado no processo), mas que cada país deve efetuar uma avaliação de risco adequada e não apenas emitir pareceres. Isto significa que a jurisprudência da OMC também é aplicada a nível europeu. Um outro representante salientou que as legislações nacionais respondem em grande medida à Reunião das Partes (MOP) do Protocolo sobre Biossegurança.

2) OMC E CODEX

As normas do Codex e a sua coexistência com a OMC

O Codex desempenha um papel importante no comércio agrícola e alimentar, uma vez que as suas normas, directrizes e recomendações são agora reconhecidas no Acordo sobre Medidas Sanitárias e Fitossanitárias (SPS) e no Acordo sobre os Obstáculos Técnicos ao Comércio (TBT) do Acordo da OMC. Para ilustrar a influência do Codex no processo da OMC, é necessário apresentar uma breve panorâmica do Acordo da OMC. De acordo com o Acordo da OMC, as medidas não conformes que restringem o comércio devem ser eliminadas. No entanto, o Acordo da OMC prevê uma série de excepções para medidas e regulamentos que sejam necessários, por exemplo, para proteger a vida e a saúde humana, animal ou vegetal. Esta proteção estava inicialmente prevista exclusivamente no artigo XX do Acordo Geral sobre Pautas Aduaneiras e Comércio (GATT) (GATT, 1947), mas foi agora incorporada no Acordo da OMC como artigo XX do Acordo Geral sobre Pautas Aduaneiras e Comércio (GATT, 1947). GATT (GATT, 1994a). De facto, é o artigo XX (b) do GATT (1994a) que permite aos Estados membros adotar legislação que crie barreiras ao comércio para garantir a segurança alimentar. No entanto, o Acordo da OMC também contém dois novos acordos, os Acordos SPS e TBT, que estabelecem regras específicas para determinar a legalidade das medidas que afectam a saúde e a segurança dos alimentos e os obstáculos técnicos ao comércio de todos os produtos, incluindo os alimentos. O Acordo SPS refere a importância das "organizações internacionais relevantes" no estabelecimento de "normas, directrizes ou recomendações internacionais" (GATT 1994b, p. 69, Preâmbulo do Acordo SPS), enquanto o Acordo TBT refere "normas internacionais" e "organismos de normalização" (GATT 1994c, p. 69).

138, 142, Preâmbulo e artigo 4º do Acordo TBT). O Acordo SPS menciona explicitamente o Codex como um desses organismos e, embora não seja explicitamente mencionado no Acordo TBT, a sua referência pode ser inferida, especialmente pelo facto de o Acordo TBT tratar as questões de rotulagem como obstáculos técnicos. Tanto o Acordo SPS como o Acordo TBT exigem que todas as Partes harmonizem as suas normas nacionais com as normas, directrizes e recomendações internacionais, sempre que estas existam. No caso de litígios comerciais, as normas, directrizes e recomendações, como as estabelecidas no âmbito do Codex, do Instituto Internacional das Epizootias e da Convenção Fitossanitária Internacional, beneficiam de um estatuto privilegiado e protegido no âmbito do procedimento de resolução de litígios da OMC. Embora as disposições que determinam a existência de medidas não conformes sejam diferentes nos dois acordos, uma semelhança importante entre eles é o facto de qualquer norma internacionalmente aceite e reconhecida estar protegida contra a contestação enquanto obstáculo ao comércio internacional (GATT 1994b, p. 71, artigo 3.2; GATT, 1994c, p. 141, artigo 2.5). Assim, uma vez introduzidas normas internacionais, a sua aplicação é muito difícil de contestar no âmbito do mecanismo de resolução de litígios da OMC. No caso de uma norma do Codex sobre rotulagem, os painéis da OMC seriam claramente obrigados a aceitar a norma após a sua transposição para a legislação nacional. Tal legislação constituiria uma exceção às regras da OMC destinadas a facilitar o comércio livre.

O Codex enfrenta três desafios imediatos no que respeita à regulamentação dos produtos biotecnológicos.

O primeiro desafio é saber até que ponto o Codex está disposto ou é capaz de chegar a um consenso para criar novas normas internacionais para os alimentos geneticamente modificados (GM).

O segundo desafio consistirá em avaliar se as normas do Codex podem atuar como uma barreira aos ataques a medidas que, de outro modo, não estariam em conformidade com as normas, no âmbito do processo de resolução de litígios da OMC. Por último, um terceiro desafio é o facto de a própria questão da biotecnologia poder levar a uma mudança na prática do Codex, criando um produto indesejável que a OMC teria então de tratar.

3) OMC **VS OGM:** princípio da precaução e direito comercial internacional Coexistência A "precaução" tornou-se, nos últimos anos, um conceito importante nas relações internacionais, nomeadamente no domínio do ambiente e da saúde pública. O princípio da precaução está, por definição, ligado à incerteza científica. O princípio 15 da Declaração do Rio sobre o Ambiente e o Desenvolvimento, um conjunto de recomendações não vinculativas adoptadas na Conferência das Nações Unidas sobre o Ambiente e o Desenvolvimento (CNUAD), mostra que o princípio da precaução desempenha um papel importante nos processos de tomada de decisões governamentais,

MEDIDAS CAUTELARES NOS REGULAMENTOS E NA JURISPRUDÊNCIA DA OMC

O Acordo SPS é o contexto mais óbvio em que se esperaria que a precaução desempenhasse um papel na jurisprudência da OMC. De facto, a precaução tem desempenhado um papel, explícita ou implicitamente, em cada um dos cinco principais litígios iniciados ao abrigo deste Acordo em que a precaução foi objeto de litígio, incluindo o litígio relativo aos OGM.

Conteúdo essencial do Acordo SPS

O Acordo SPS regula as medidas de proteção da vida ou da saúde humana, animal ou vegetal contra pragas, organismos causadores de doenças, aditivos, contaminantes e toxinas. Consequentemente, o acordo regula tanto as medidas de segurança alimentar como as medidas de quarentena agrícola. O núcleo do texto SPS é um conjunto de disciplinas de base científica A palavra "precaução" não aparece no texto do Acordo SPS. Se a precaução pudesse ser aceitável como política pública no âmbito da abordagem regulamentar estabelecida no Acordo, então a precaução seria provavelmente considerada aceitável no âmbito da arquitetura da abordagem regulamentar estabelecida no Acordo.

O litígio sobre as hormonas na carne de bovino

A relação entre a precaução e o Acordo SPS foi explicitamente posta em causa no primeiro litígio iniciado ao abrigo do Acordo SPS, pelos Estados Unidos e pelo Canadá contra a proibição imposta pelas Comunidades Europeias à venda de carne importada e produzida internamente e de produtos à base de carne derivados de bovinos tratados com três hormonas naturais e três hormonas sintéticas promotoras do crescimento. Este litígio não constituiu uma surpresa, uma vez que surgiu após anos de tensões transatlânticas sobre a proibição das hormonas. A inclusão do Acordo SPS no Uruguay Round foi vista, em primeiro lugar, como uma tentativa geral de contestar a proibição geral de hormonas da CE, que parecia inatacável com base na não-discriminação ao abrigo do Acordo Geral sobre Pautas Aduaneiras e Comércio (GATT) de 1947. No decurso do processo, a OMC adoptou regras não só para este caso, mas também para uma série de outros casos, incluindo medidas de segurança alimentar e medidas de quarentena agrícola. Em resposta à alegação das partes contestantes de que a proibição das hormonas não era suficientemente justificada do ponto de vista científico, a CE invocou, em parte, o princípio da precaução em defesa da medida contestada. Tal como referido na secção III.A, esta é precisamente a situação estrutural e processual em que seria de esperar encontrar um princípio de precaução num acordo de comércio livre destinado a identificar e eliminar obstáculos injustificados ao acesso ao mercado. Consequentemente, este argumento confrontou primeiro o Painel e depois o Órgão de Recurso com a necessidade de articular a relação entre o princípio da precaução e o Acordo SPS. O Órgão de Recurso poderia ter tentado conciliar os padrões normativos para a tomada de decisões por precaução com o Acordo SPS e dar vida a ambos, interpretando o Acordo à luz desses padrões. Se a precaução é um princípio jurídico, mas *a fortiori* não é vinculativo para as partes em litígio, o princípio da precaução poderia, no entanto, ter sido aplicado como um princípio orientador. De acordo com este estatuto, o Acordo SPS poderia ser interpretado de uma forma coerente com
o princípio. Mesmo que a precaução não fosse mais do que uma norma internacional de boas práticas - consistente com uma visão da precaução como *lex ferenda - esta* orientação não vinculativa poderia ainda assim estar disponível para ajudar na interpretação do Acordo SPS, particularmente na medida em que a precaução é uma parte apropriada dos processos regulamentares nacionais regidos pelo Acordo. Os objectivos e princípios da OMC poderiam também servir de ponto de partida para harmonizar os princípios científicos do Acordo SPS e as abordagens de precaução. O preâmbulo do Acordo que institui a Organização Mundial do Comércio refere a "utilização óptima dos recursos mundiais, de acordo com o objetivo do desenvolvimento sustentável, procurando simultaneamente proteger e conservar o ambiente e melhorar os meios para atingir esse objetivo...".
O "desenvolvimento sustentável" foi o tema central da Conferência das Nações Unidas sobre o Ambiente e o Desenvolvimento (CNUAD) de 1992, poucos anos antes da conclusão do Uruguay Round, no qual foi adoptada a Declaração do Rio. A tomada de decisões por precaução é parte integrante das estratégias de desenvolvimento

sustentável. A liberalização do comércio, tal como prevista no acordo que institui a OMC, é, por conseguinte, apenas uma faceta de uma estratégia global de desenvolvimento sustentável.

A agenda do desenvolvimento sustentável, que inclui tanto o acesso ao mercado como a tomada de decisões por precaução como parte de uma estratégia mais alargada. No entanto, o relatório do Órgão de Recurso sobre este litígio adopta a abordagem oposta. O Órgão de Recurso começou por estabelecer uma distinção entre a precaução enquanto princípio do direito internacional do ambiente, por um lado, e o direito internacional geral, por outro. Independentemente do seu estatuto no direito internacional do ambiente, o Órgão de Recurso afirmou que a força do princípio da precaução como questão de direito internacional geral era incerta. O Órgão de Recurso observou então que o princípio da precaução está "refletido" no artigo 5.7 do Acordo SPS. Os elementos de precaução também se encontram no artigo 3.3, que permite que um membro adopte normas mais rigorosas do que as normas mínimas acordadas multilateralmente, de acordo com o nível de proteção adequado que escolher. O Órgão de Recurso também observou que o teste de suficiência científica no próprio Acordo SPS reflecte a ampla aceitação da regulamentação governamental para proteger o público de "riscos de danos irreversíveis, por exemplo, com risco de vida, para a saúde humana". Por último, o Órgão de Recurso salientou a necessidade de aplicar o Acordo SPS em conformidade com as abordagens habituais de interpretação dos tratados. Sem necessariamente fechar a porta a uma abordagem num caso futuro que possa harmonizar as disciplinas científicas do Acordo SPS com o princípio da precaução, particularmente se este vier a adquirir maior força jurídica internacional, o Órgão de Recurso convidou à conclusão de que os membros da OMC abandonaram essa norma no Acordo SPS.

4) Protocolo de Cartagena sobre Biossegurança vs. OMC

Questões em jogo

A OMC deve defender o princípio da liberalização do comércio, incluindo o comércio de sementes e alimentos geneticamente modificados. O Protocolo de Cartagena sobre Biossegurança prevê que as autoridades nacionais podem recusar a importação de material genético se este representar um risco para a saúde humana e o ambiente.

A OMC e o Protocolo de Cartagena sobre Biossegurança são movidos por lógicas contraditórias: O comércio versus o princípio da precaução. A soberania dos Estados está em causa.

Juridicamente, poder-se-ia argumentar que o Protocolo deveria ter precedência sobre a OMC num litígio, uma vez que é mais específico e mais jovem do que a OMC.

No entanto, o debate sobre o primado dos tratados pode depender em grande medida do fórum em que o litígio é conduzido.

Protocolo de Cartagena sobre Biossegurança: As disposições mais importantes

O tratado, conhecido como Protocolo de Cartagena sobre Biossegurança, foi acordado por mais de 130 Estados em janeiro de 2000, mas só podia entrar em vigor após a ratificação formal por 50 Estados. O 50º país, Palau, ratificou-o em 2003 (11). Desde então, cerca de 15 outros países ratificaram a Convenção. Os Estados Unidos aceitaram, com relutância, assinar a Convenção em 2000.

após intensas negociações, mas não o ratificou. Embora a Comunidade Europeia tenha ratificado o protocolo, muitos países europeus ainda não o tinham feito até setembro de 2003.

O tratado tem por objetivo proteger a biodiversidade dos riscos potenciais colocados pelos organismos vivos modificados provenientes da biotecnologia moderna. Permite aos países proibir a importação de sementes, micróbios, animais ou plantas geneticamente modificados que considerem uma ameaça para o seu ambiente, tendo em conta os riscos para a saúde humana. Estabelece que as remessas internacionais de cereais geneticamente modificados devem ser rotuladas. Introduz um procedimento de acordo prévio fundamentado (AIA) para garantir que os países disponham das informações necessárias para tomarem decisões fundamentadas antes de autorizarem a importação de tais organismos para o seu território. Uma vez informado, o país importador dispõe de 270 dias para decidir se autoriza ou não a expedição. Na sequência de litígios entre potenciais importadores e exportadores, chegou-se a um compromisso segundo o qual o AIA apenas se aplica à primeira importação de OGM destinados a libertação direta no ambiente e a maioria dos OGM foi excluída do âmbito do AIA. Embora os OGM destinados à alimentação humana e animal e à transformação sejam abrangidos pelo Protocolo, estão sujeitos a um procedimento menos rigoroso do que o AIA. No âmbito do procedimento aplicado a estes produtos, os países importadores devem esforçar-se por se informarem sobre a eventual circulação de OGM, em vez de exigirem que o exportador obtenha previamente o consentimento explícito do país importador. O Protocolo contém uma referência ao princípio da precaução e reafirma o princípio da precaução contido no Princípio 15 da Declaração do Rio sobre Ambiente e Desenvolvimento.

O Protocolo também cria um sítio Web denominado "Centro de Intercâmbio de Informações sobre Biossegurança" para facilitar o intercâmbio de informações sobre organismos vivos modificados e para apoiar os países na aplicação do Protocolo.

Possíveis conflitos entre o Protocolo de Cartagena e a OMC

Reconhecendo um potencial conflito com as regras da OMC, os redactores do Tratado sobre Biossegurança tiveram o cuidado de assegurar que este não substitui nem está subordinado a outros acordos. É fácil imaginar que a questão da subordinação dos tratados é complexa. O que diz o Protocolo? Em direito internacional, a interpretação dos tratados é regida pela Convenção de Viena sobre o Direito dos Tratados. A regra é que um tratado posterior substitui um anterior e que um tratado sobre um assunto específico tem precedência sobre um tratado geral. Uma vez que o Protocolo sobre Biossegurança é posterior aos acordos comerciais e trata especificamente da biossegurança, o Protocolo deve ter precedência em caso de conflito de leis.

Foi aditado o seguinte texto ao preâmbulo:

Reconhecendo que os acordos comerciais e ambientais se devem apoiar mutuamente com vista a alcançar um desenvolvimento sustentável, Sublinhando que nada no presente Protocolo deve ser interpretado como modificando os direitos e obrigações de qualquer das Partes ao abrigo de acordos internacionais existentes, Reconhecendo que o considerando supra não se destina a subordinar o presente Protocolo a outros acordos internacionais...

Capítulo 8
CONCLUSÃO

1. Os riscos para a segurança alimentar estão sempre associados aos OGM, uma vez que estes seguem o conceito de monocultura, mas até à data os OGM têm contribuído para um aumento da produção agrícola.

2. É verdade que os OGM libertam proteínas alergénicas, mas até agora não foram identificados efeitos nocivos tão importantes para o ambiente.

3. Os OGM trouxeram benefícios económicos, uma vez que requerem menos pesticidas e água e produzem rendimentos mais elevados.

4. Alguns Estados-Membros chegaram muito tarde à transposição da Diretiva 2001/18/CE.

5. Do ponto de vista ambiental, as avaliações de risco fornecidas
pela indústria biotecnológica, nomeadamente no que diz respeito ao ambiente local.

A decisão da OMC favoreceu a parte correcta no caso da biotecnologia da CE, ou seja, os EUA. A principal razão para tal foi o facto de o painel não ter ficado convencido com a alegação das Comunidades Europeias de que o pedido relativo ao milho MON863 era, na realidade, um pedido relativo a um produto híbrido, nomeadamente o milho MON 863 x MON810.

RECOMENDAÇÃO

Os OGM têm um grande potencial: têm efeitos positivos no ambiente, por exemplo, através da fixação de azoto, de menos pesticidas ou de menos água. A incorporação de material genético permitiu que os organismos produzissem concentrações mais elevadas de vitaminas e minerais nos alimentos de base, o que poderia ajudar a combater os sintomas de carência e, assim, melhorar a saúde.

As minhas recomendações são, em primeiro lugar, acompanhar mais de perto o impacto ambiental, social e económico dos OGM e adotar uma abordagem de precaução.

Em segundo lugar, o reforço da investigação sobre os OGM no interesse do bem comum. E, por último, a consideração de estratégias alternativas de abastecimento alimentar com recurso à engenharia genética, a fim de se conseguir uma mistura de agricultura diversificada e de agricultura de subsistência.

Até a OMS analisou que os OGM são adequados para consumo, uma vez que foram testados por várias autoridades nacionais, pelo que todo o mundo, especialmente os países em desenvolvimento, deve aceitar alimentos geneticamente modificados sem restrições.

REFERÊNCIA

1. Jornal de Direito de Vermont
2. ageconsearch.umn.edu
3. Protocolo de Cartagena Wikipédia
4. Europa.unc.edu
5. www.ciel.org
6. www.fao.org
7. www.who.int
8. www.iisd.org
9. Culturas geneticamente modificadas-Wikipedia
10. www.citizen.org
11. CBD (Convenção sobre a Diversidade Biológica). (2006). [em linha]. Disponível: http://www.biodiv.org/convention/convention.shtml [2006, 8 de agosto]. CIEL (Centro de Direito Internacional do Ambiente). (2006).
12. CE-Biotecnologia: Panorama e análise do relatório intercalar do Painel. Centro de Direito Internacional do Ambiente (CIEL). Disponível: http://www.ciel.org/Tae/ECBiotech_InterimReport_31Mar06.html [2006, 31 de julho 13. CE - Painel Biotecnológico. (2006b). Comunidades Europeias - Medidas relativas à autorização e colocação no mercado de produtos biotecnológicos. Relatórios do Painel. [Em linha]. Organização Mundial do Comércio, documentos WT/DS291/R, WT/DS292/R, e WT/DS293/R. Disponível: [2006, 2 de outubro].
14. GATT. (1947). Acordo Geral sobre Pautas Aduaneiras e Comércio: Texto do Acordo Geral. [Em linha]. Disponível: http://www.wto.org/english/docs e/legal e/gatt47 e.pdf
15. ISAAA (Serviço Internacional para a Aquisição de Aplicações Agro-Biotecnológicas). (2000). Food Biotechnology: European and North American Regulatory Approaches and Public Acceptance - A Travelling Workshop. ISAAA Briefs 18-2000 [em linha]. Disponível em: http://www.isaaa.org/

Índice

I want morebooks!

Buy your books fast and straightforward online - at one of world's fastest growing online book stores! Environmentally sound due to Print-on-Demand technologies.

Buy your books online at
www.morebooks.shop

Compre os seus livros mais rápido e diretamente na internet, em uma das livrarias on-line com o maior crescimento no mundo! Produção que protege o meio ambiente através das tecnologias de impressão sob demanda.

Compre os seus livros on-line em
www.morebooks.shop

Printed by Books on Demand GmbH, Norderstedt / Germany